U0008333

Rich致富 351

元宇宙

科技巨頭爭相投入、無限商機崛起，你準備好了嗎？

메타버스가 만드는 가상경제 시대가 온다

崔亨旭 최형욱——著

金學民、黃菀婷——譯

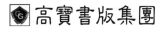
高寶書版集團

前言

平坦的地球就在眼前，
沒有界限的元宇宙與虛擬經濟的時代

不久前，Facebook[1] 宣布 Oculus Quest 將支援 Air Link。從那天起，我就一直在等軟體更新。基本上，現在就算沒有電腦，只要靠 VR 頭戴式裝置的計算性能，就幾乎能執行所有的應用程式，但如果要執行《戰慄時空：艾莉克絲》這種對性能要求較高的應用程式，就必須用有點礙手礙腳的 USB 傳輸線連接高規格的電腦，才能以 PCVR 執行程式。但是，以後就算沒有 USB 傳輸線，我們也能以無線的方式玩這款高規格的遊戲了。

除此之外，Facebook 還推出了能在虛擬實境（Virtual Reality，簡稱 VR）中辨識到 120Hz 螢幕和實體鍵盤的 Infinite Office。Facebook 一下子就推出這麼多令人翹首盼望的新功能，讓身為早期採用者的我心動不已。我當時的心情就像是在等蘋果、特斯拉電動

1　現已更名為 Meta，為避免與書中提到的 AR 眼鏡企業 Meta 混淆，本書仍然使用 Facebook。

車推出新的軟體時一樣。之後，Oculus Quest 終於更新了軟體。而我從原本一個月只會使用一兩次 VR 頭戴式裝置，變成一個星期會用好幾次。

在數十年來觀察技術的發展、創新過程和新產業的誕生後，我發現每當遇到某個轉折點，都能感受到一股奇妙的氛圍。

每當有新的事物出現，掌權已久的既得利益階層就會被擊潰，新的價值會被建立起來，人們會湧入新的平台，我們每天習以為常的各種行為及生活方式也會隨之改變。我們正處在這種轉折點的最前線，而徵兆其實早在很久之前就出現了，變化的種子已經萌芽。

雖然全球資訊網、iPod、智慧型手機、社群網路、VR 頭戴式裝置、特斯拉電動車、比特幣等改變了這個世界的眾多產品及服務，現在就宛如水和空氣，存在於我們的日常生活中，但 30 年之前，這些東西都還未問世。應該說，我們都以為它們還未問世。但若回顧這些變化所帶來的影響及結果，就會發現引發這些變化的契機及開端其實比我們想得還早出現。就連此時此刻也一樣，將在 10 年後、20 年後改變這個世界的種子，其實早就已經在我們的身邊萌芽了。

每當我感受到轉折點臨近，就會看到某些現象，這些現象可以分成兩個階段。第一階段，各種核心技術會各自發展，然後尚未達到臨界點的最後一兩個技術會達到正要突破界限的階段。在這個階段，雖然有許多人會做出各種嘗試，但不只會經歷不少錯誤的嘗試，還很難取得有足夠衝擊力的成果。

　　第二階段，則是指某項商品或服務脫離早期採用者之手，正要被大眾選擇，也就是正要達到臨界點的階段。無論是在 MP3 數位音樂產業因為 iPod 問世而徹底改變之前，還是在社群網路服務正要開始普及之前，甚至是在快要人手一支 iPhone 之前，都出現過這些現象。

　　因為感覺到在元宇宙的各個領域，這兩個階段的轉折點正朝我們逼近，我提筆寫起了這本《元宇宙：科技巨頭爭相投入、無限商機崛起，你準備好了嗎？》。

　　隨著部分領域發展到了第一階段，部分領域已達到第二階段，即將迎來巨大變化和衝擊的新時代，已經來到了我們眼前。

　　由於我當時剛好在名為元宇宙的巨大領域準備新的平台事業，這本書給了我一個整理整個產業的動向和趨勢，以及為了創造價值需要具備哪些核心要素的機會。

　　希望想利用元宇宙創造新商機的企業家們、想在現有產業中找到創新的機會或做出新嘗試的公司策略長們，以及想看出變化的趨勢好為未來做準備的創新家們，能透過這本書找到那個臨界點，創造一個能夠改變這個世界的機會。

目錄
Contents

目錄
Contents

第 1 章

元宇宙不是圓的

平坦的地球誕生，
無論是誰都有無限的機會！

　　無論是誰，小時候應該都有讀過或聽過格列佛去奇異國度旅行的故事吧。我還記得自己讀過無數次「小人國遊記」與「大人國遊記」的漫畫和圖畫書，其中格列佛在海邊漂流後醒來時，發現全身都被麻繩綁住、被牢牢釘在地上，眼前還有一大群約莫 15 公分高的小矮人的部分讓我印象特別深刻，深刻到我現在都還記憶猶新。後來，我才知道《格列佛遊記》還有後半部的「諸島國遊記」和「慧駰國遊記」，故事中飄浮在空中的城市「拉普塔」和由馬兒統治的城市「慧駰國」，實際上都在諷刺社會。格列佛所到達的幻想國度雖然看似迥異，卻都給人一種以人為中心、彼此微妙地相連在一起的感覺。

　　我們可以想像一下，我們現在其實是在與現實世界相連、由數位構成的元宇宙裡變成了格列佛並且四處旅行。就像在小人國，我們會變成力大無比的存在；就像到了大人國，在令人敬畏的巨人面前，我們會變成渺小的存在；就像在空中之城，一切想像皆有可能，在虛擬世界（Virtual World）中，我們時而會變成全知全能的存在，時而會被宇宙和大自然磅礴的氣勢壓倒。我們能盡情翱翔，

也能跟來自世界各地的虛擬分身們徹夜聊天。我們能在複雜又陰暗的中世紀城堡的地下尋找寶藏；也能和朋友們穿梭於四處聳立的高樓大廈間，與敵人展開戰鬥。我們還能用磚塊蓋大樓、建造城市，也能在外太空移動數百萬光年，成為某個星系的首領。

　　在元宇宙，這一切都能化為現實，而且正在成為現實。我們只要花一個晚上的時間，就能去遍格列佛在十八世紀花了數年旅行、造訪過的幻想城市，也能每天造訪新的城市和空間，四處探險。

　　由數位構成的元宇宙到現在都還在膨脹。每天都有新的空間出現，每天都有新的世界、新的城市被創造出來。宇宙（Universe）和元宇宙的第一個相似之處，就是兩者皆不斷地在膨脹。第二個相似之處是至今都還沒有人去過這兩個空間的盡頭，沒有人知道那裡有什麼。

　　就像太初大爆炸發生的那一瞬間，原本只是一個點的宇宙正在膨脹一樣，網路的位元也不斷地在膨脹，打造著當前的元宇宙。宇宙是由無數個時空、能源、物質、星體及粒子構成的，元宇宙則是由無限多個虛擬時空及數據構成的，這點兩者也有著異曲同工之妙。也就是說，物質世界中有宇宙，數位世界裡則有元宇宙。

　　另一方面，宇宙大爆炸發生在 138 億年前，而元宇宙大爆炸僅僅是 30 年前的事。隨著一半以上的人類無時無刻連結在一起的時代到來，以「連結」為基礎的元宇宙也揭開了序幕。雖然我們沒有意識到，但我們其實每天都同時活在元宇宙與現實世界中，無法區分兩個世界的界限，元宇宙已經是我們生活的一部分，而且就和

「連結」一樣，正在滲透到我們的日常生活裡，元宇宙膨脹得有多大，我們生活的世界就擴張得有多大。

15 世紀，哥倫布之所以會踏上大航海之旅，是因為他想透過發現新大陸尋找黃金和寶物，抓住致富的機會。他相信在新的土地，會有無數的機會等著被開拓。因為他相信地球是一個可以連成一圈的圓，所以才會在茫茫大海中揚帆啟航。雖然之後有所爭議，但哥倫布確實證明了地球是圓的，並透過四次航海，立下了發現美洲大陸的豐功偉業。此外，西印度航線的發現，無疑為歐洲人帶來了名為美洲大陸的巨大機會。

我們現在進入了下一個大航海時代。我們正向外朝著宇宙航行，試圖探索、征服宇宙；我們同時也向內朝著由數位構成的元宇宙前進。元宇宙是一個有可能變得和宇宙一樣浩瀚的新世界，也是一個即將帶來機會的新大陸或新宇宙。現在，這個充滿尚未被挖掘的機會與可能性的空間正在等著我們去挑戰。

如果說過去的發現新大陸是去尋找這個地球創造出來的東西，那麼在現在的元宇宙中，我們既可以自行創造東西，也能尋找東西。在元宇宙裡，我們可以創造新大陸、新宇宙、新的時間軸和空間軸。我們可以在現實生活中瞬間移動，再也不需要花好幾個月的時間航海或飛行。我們不需要剝削原住民或破壞大自然，只要透過數位就能創造出新的事物。對於哈拉瑞在其著作《人類大命運》中提出的問題「人類是否能成為神」，在元宇宙裡，我們可以回答他「早已如此」，因為在這個宇宙裡，人類被賜予了我們相信在實

體世界中專屬於神的創造能力。

　　過去哥倫布所探險的地球是圓的，今天我們也還活在圓的地球上，但是正等待著人們去探索的元宇宙並不是圓的；準確地說，它沒有固定的形體，因此能成為任何一種形體。它可以按照我們的想像，變成一個沒有盡頭的空間，也可以變成一個正正方方的世界；它可以變得跟地球一樣大，也可以變得跟足球場一樣小；它可以是一個純粹的虛擬世界，也可以是一個在現實世界之上層層堆疊出來、相互連結的層（Layer）。

　　因此，元宇宙對任何來人來說都是平的。無論是誰都能在元宇宙中探尋機會、創造價值。雖然我們沒辦法定義其物理形態，但將可能性和機會作為標準時，元宇宙是平的，而且無窮無盡。

　　讓我們來探索今後將有可能會在平坦的元宇宙發生的諸多變化和可能性，一窺元宇宙的定義、歷史及潛藏在元宇宙深處的人類慾望；探究為什麼有無數家公司在元宇宙領域做了各種實驗，最後卻步入失敗、消失之途，並回顧先驅們一路走來的路；想想看到底哪些技術和環境將會在什麼時候創造出臨界點，並深入了解為了在元宇宙領域搶占先機，各國的創新企業正在付出哪些努力、樹立了哪些戰略；以及想像一下元宇宙將使各行各業發展成何種面貌，並思考一切有可能被發展成虛擬經濟（Virtual Economy）或被元宇宙化（Metaversification）[2] 的可能性吧。

2　指隨著使用者的情境（Context）或周圍環境相互連結並虛擬化而具備元宇宙特性的現象。

第 **2** 章

「連結」的進化將顛覆一切

網路的進化

「連結」不斷地在進化。早在網路問世前，就已經有了電報、電話、廣電等連結技術，而能夠掌握連結主導權的人，往往都能獲得財富與權力。從這點來看，無論是「提供資訊」還是「獲取資訊」，都是相當重要的能力。

從告訴一名熟人超市有什麼商品在打折，到告訴全國球迷棒球賽的結果，資訊的提供範圍和對象可以相當地廣，因此「提供資訊」這份能力可以變成一種能透過篩選過的資訊，來動員或控制群眾的權力；另外，從「能根據資訊的有用性，利用資訊來獲得樂趣或利益」這個觀點來看，「獲取資訊」也是一種能力。而想要成為交換資訊的管道，首先必須滿足某項必備條件，那就是「確保連結性」。

過去，透過印刷技術確保的連結性使得新聞、印刷媒體發揮了作為大眾傳媒的作用，並得到了飛躍性的成長；電力發明後，引發大量生產、大量消費這個大趨勢的大眾傳播透過「傳播」的連結性，發展成了大眾媒體。

　　連結性的發展初期，無論是印刷媒體還是電波的輸送，資訊的傳播方向皆為單向。無線廣播電視是大眾傳播媒體的一種基本型態，會透過電波單向傳輸其想傳播的資訊，具有能單方面觸及到不特定多數人的特性。基於這項技術，大眾媒體就此誕生，而最先發揮其作用的廣播花了 38 年的時間，才成功向 5000 萬名聽眾傳達了資訊；電視則花了 13 年，才觸及到了 5000 萬名觀眾。在那之後，隨著聽眾和觀眾爆發性地增加，又隨著能編製節目、選擇內容、在想要的時段播放廣告，播送這項傳輸技術長年來提供了廣電公司動力，使其發展成了擁有強大力量的媒體。

　　就在此時，又出現了一種名為連結性的新技術，那就是有線廣播電視。有線廣播電視的頻道開始將原本提供給不特定多數人的資訊播送給了特定使用者，且具有品質穩定、沒有死角的特性，因此得到了越來越多使用者的青睞。基於有線廣播電視的媒體產業和無線廣播電視共同創造出了一個由各種內容、頻道、網路構成的巨大生態圈。

　　緊接著，網路的誕生顛覆了所有的法則和標準。資訊開始雙向傳播，連結範圍變得更廣，連結速度也變得更快，權力因此開始分散。隨著原本在線下進行的各種活動轉移到線上，Amazon、eBay 和 Google 就此誕生。致力於將事業重心轉移到網路的企業存活了下來，其他企業則步入了歷史。

　　連結具有大小和方向。其特性會根據能連結多少人、是單向還是雙向而有所差異。隨著數位媒體和網路問世，作為可以交換數

據的傳播媒介，網路幫我們克服了時間和空間上的限制。我們變得能透過網路生成、儲存、交換大量的數據。線上商務取代了許多線下商務，各種型態的數位媒體應運而生，而我們正在利用各種數位設備製作與消費這些數位媒體。

隨著數位的傳輸費用、儲存費用和處理費用達到邊際成本，文本、語音、照片、影像等多媒體的生產和消費不再受到限制。據觀察，在報紙、無線廣播電視、雜誌、音樂、遊戲、電影、出版等所有媒體領域，屬於阻礙因素的既得利益階層的影響力正在減弱，而且還出現了機會成本進一步降低的現象。

隨著線上活動幾乎取代了一切，其成了人們生活中不可或缺的一部分。我們所連結到的網路還將權力和能力分散及轉移給了個人，歷史上最強大的個人就此誕生，而透過網路相連結的價值和實物世界的價值開始串聯了起來。

連結的進化

	1930s~	通訊／電話／電報＋廣電／播送	Analog
	1990s~	透過固定的終端連接網路（WWW）	~Digital +Connected
	2000s~	透過社群網路關係相互連結	+Social
	2007~	透過智慧型手機隨時隨地以人為中心連結	+Mobile +Seamless
	2010s~	透過物聯網基於情境相互連結	+Interactive
	2020s~	透過元宇宙與虛擬情境連結	+Contextual +Virtual
	2025s~	透過區塊鏈與分散式網路連結	+Decentralized
	2035s~	透過Brain Net感情及智能連結	+Singularity

社群網路的誕生

2000 年代初社群網路平台登場，人們開始透過網路交換數據。然後從某一刻開始，這些數據形成了各種關係。

隨著在關係之上產生關注、信賴加深，網路發展成了一個用來交換關係而不是交換數據的媒介，Twitter、Facebook、Instagram、LinkedIn 等眾多社群網路服務誕生，並以數千萬、數億、數十億為單位不斷地擴張。

社群網路的崛起，讓人與人之間的「關係數據」開始交換與累積，而社群媒體和「關係網路」的不斷擴張，又進一步改變了人們生產、分享、消費數據的方式，並為廣告和行銷產業帶來了巨大的變化。隨著關係形成，加上人們關注的事物互相連結，行銷活動拓展到了社群網路，企業開始透過社群網路與客戶交流，並展開各種商務活動，人們利用社群網路度過的時間也正在日益增加。

智慧型手機誕生，
人類成了「連結」的中心

　　1980 年代是 PDA 和 PC 的時代，也是個人開始擁有數位工具的時代。1990 年代到 2000 年代初是無數人使用手機和 PC 的巔峰時期，與過去不同的是，這些裝置不再只是單純的數位工具，其開始產生了連結性，原本單純用來管理行程的攜帶式裝置發展成了手機，我們能夠打電話給任何人；而單純用來運行軟體的 PC 則連上了網路，使我們能夠搜尋散布於全球的資訊或生成資訊。

　　接下來是智慧型手機和智慧裝置的時代。在 2007 年蘋果推出 iPhone 後，我們迎來了一個前所未有的、能夠無時無刻相互連結的時代。也就是說，我們進入了一個可以隨時隨地搜尋想找的資訊、享受想要的服務、與連結到的所有人交流的時代。在那之後，幾乎所有人手上都有一個能無時無刻相互連結的裝置。這些裝置不但以強大的計算能力、包含相機在內的感測器和連結性變成了內容生產者的核心，還使得原本以固定的終端為中心的連結樞紐轉移到了會移動的個人身上，使人成了連結的中心。

　　在成為連結的中心後，人們不但開始隨時隨地利用「行動電腦」，也就是智慧型手機生成、分享數據，與其他人交流，還開始根據需求串聯起了原本沒有連結在一起的物理空間。

　　而隨著以位置為基礎的物理空間「本地」（Local）出現，隨選服務開始有了可能性，媒體的即時性受到威脅，中央集權性的節目編製方式不再管用的使用者環境誕生，人們也因此能夠在連結的中心盡情地即時連上全球規模的龐大數據。在超連結時代，個人成為了更加強大的存在。

與各種物體連結的世界

　　所謂物聯網（Internet of Things，簡稱 IoT），指的是就算沒有人為介入，物體也會相互連結並透過感測器辨識到變化後，進行人與物、物與物之間的數據交換或溝通的網路。物聯網時代的到來，意味著今後有眾多領域將獲得與網路相連的連結性。從個人健康到智慧家庭、智慧辦公室、能源、安全、環境、物流、製造，甚至是智慧城市，物聯網的可應用範圍廣泛到幾乎涵蓋了所有領域。現在，隨著無數個感測器和物體連上網路，許多東西就算沒有人為介入也能自動運作，它們開始為人類工作，人類則開始擁有能夠遠距辨識並控制情境的情況認知能力。

「連結」的未來：
元宇宙、區塊鏈及被連結的智能

　　繼物聯網之後，具有虛擬情境的元宇宙和區塊鏈也開始與網路相連，網路長久以來的夢想 —— 分散式網路（Distributed Network）正在被建立。隨著一切都被上傳到雲端，人工智慧也正在成為任何人都能使用的工具。此外，人工智慧也正朝著能共享人類的感情和經驗、網路本身即為一個相連的智慧這個奇異點前進。

　　就如同本章開頭所說的，連結不斷地在進化。無論我們是否願意，這個變化都不會停止，而且今後將會形成一個更複雜、更密切、更深入、更有關連性、更快速、更龐大的連結，而人類正試圖成為這個萬物相互連結世界的中心。

第 3 章

元宇宙是什麼？

　　「元宇宙」（Metaverse）這個詞可以追溯到 1992 年。其首次出現於尼爾・史蒂芬森（Neal Stephenson）的賽博龐克科幻小說《潰雪》（*Snow Crash*，又譯《雪崩》），而且是與「虛擬分身」（Avatar）一詞同時登場的。Avatar 源自梵語，指在現實世界中經過肉體化的神之分身或化身，但在 1985 年理查・蓋瑞特（Richard Garriott）開發的《創世紀 IV》中，這個詞首次被賦予了新的意思，指由圖像構成之遊戲裡的分身、玩家角色。

　　在小說中，如果要進入名為「魅他域」[3] 的虛擬世界，就必須使用虛擬的身體。Avatar 這個詞一開始指的就是使用者這時獲得的身分兼實體。當然，這個詞的定義現在變得更廣義，泛指「在遊戲或社群網路中投射、象徵玩家，以數位形式呈現出來的虛擬角色」，現在就連小孩子們都擁有多個虛擬分身。

3　參考《潰雪》（開元書印，2008 年）。

　　主角英雄（Hiro Protagonist）[4] 是個韓裔混血兒，雖然他在現實世界中只是個披薩外送員，但他其實是個不為人知的天才駭客。在網路世界「魅他域」，他是個最厲害的戰士兼英雄。這部小說相當有趣，是一個關於主角發現身邊的人因為被奇怪的病毒感染，導致現實世界中的精神和肉體被破壞，而開始遊走於現實世界及虛擬世界查尋真相的故事。在與一群能力超群的人相互追趕、追查真相的過程中，主角發現幕後竟藏著一家現實世界中的巨大媒體企業。

　　「meta-」指「超越的、更高的」，「-verse」則指「世界」，這兩個詞組合而成的「元宇宙」一詞很直觀地暗示著我們其涵義。元宇宙是一個由數位構成、無窮無盡的虛擬空間，也是一個存在著多維時空的世界。這個多維時空有著能與使用者互動的情境。

　　由於目前還沒有經過標準化、達成共識的定義，每個人所想的元宇宙之定義和範圍皆有所差異。我們有時候指的是利用擴增實境（Augmented Reality，簡稱 AR）、虛擬實境等技術做出來的世界，有時候則是指包含遊戲和網路在內的廣義元宇宙。有人說，元宇宙熱潮只是一時性現象，也有人說元宇宙只不過是一個行銷用語。但無庸置疑的是，元宇宙熱潮是在新冠肺炎大流行下迎來之數位轉型使元宇宙加速擴散的重要現象。雖然現階段還沒有一個達成共識的定義，但元宇宙目前正呈現著定義和範圍不斷擴大，對各行各業的影響增加，且越來越受人們關注的趨勢。

4　參考《潰雪》（開元書印，2008 年）。

從虛擬空間的觀點看元宇宙

就像在《潰雪》中那樣,早期元宇宙的概念主要指的是虛擬空間。由於當時虛擬實境在技術上掀起了熱潮、早期的頭戴顯示器(Head Mounted Display,簡稱 HMD)問世並受到人們的熱切關注,當時尼爾‧史蒂芬森所描繪的「魅他域」就等同於虛擬世界。

後來,隨著時間流逝、全球資訊網(world wide web,簡稱 WWW)不斷發展,如同前面所提到的,產業趨勢的變化為我們帶來了巨大的改變。《天堂》、《魔獸世界》等大型多人線上角色扮演遊戲(MMORPG)紛紛誕生,Cyworld、《第二人生》這類早期的社群網路服務陸續登場,並在元宇宙定義逐漸變廣的過程中帶來了巨大的影響。

意識到以現實世界另一端的虛擬世界為中心的元宇宙能有各種不同的形態和目的,人們開始試著去了解並賦予元宇宙更廣泛的定義。

資料來源：blog.laval-virtual.com[1]

　　首先，我們需要先區分「虛擬實境」和「虛擬世界」。麥可‧
海姆（Michael Heim）曾在其著作《從界面到網路空間：虛擬實在
的形而上學》（*The Metaphysics of Virtual Reality*）中定義，網路創造
的「網路空間」既是一個虛擬環境，也是一個模擬出來的世界、數
位感官的世界。麥可指出，如果能利用電腦，在某個數位空間做出
一個視覺上與現實世界一樣的世界，那便能利用感測器按使用者需
求控制或輸入輸出。這就是虛擬實境。虛擬世界指的則是多名使用
者透過網路進入後進行互動的所有模擬環境，在這裡，我們可以將
虛擬實境視為從虛擬世界中被細分出來的下層概念。

　　此外，也有人試著把現實世界當作基準去區分出元宇宙（Kim
Gukhyeon, 2007）。在這種分類法中，現實世界被定義為「在現實
中圍繞著被我們當作工具使用的電腦的情境」。

也就是說，為了讓電腦處理資訊、分析數據，而有人類來操作電腦的空間稱為「現實世界」；在電腦世界裡模仿現實世界中的功能性空間的入口網站、Cyworld、全球資訊網等則稱為「理想世界」；而像《天堂》、《第二人生》這種無關乎現實，展現出想像力和幻想的遊戲，稱為「幻想世界」，其具有「替代空間」的涵義。

結合這三個世界、重新建構現實的空間即為元宇宙。值得矚目的一點是，這種分類法蘊含著一種哲學，即以現實世界的使用者為中心改善現實生活的理想世界，和追求無限想像與樂趣的幻想世界並不與現實相悖。

從未來情景看元宇宙

2007 年，加速研究基金會（Acceleration Studies Foundation，簡稱 ASF）透過「元宇宙藍圖」（Metaverse Roadmap）計畫，從短期觀點和長期觀點對元宇宙的未來進行了情景規劃（scenario planning）。

情景規劃是一種有鑑於我們無法預測長期未來，因此將各種可能會因為某種重要的不確定性因素而出現的未來繪製成情景（scenario），並敘述將準備與執行哪些戰略，以做出適當應對的方法論。

進入 21 世紀後，資訊量爆發性地增加。再加上隨著信號和噪音嚴重混雜，導致不確定性加大，情景的重要性再次被凸顯了出來。元宇宙藍圖選擇了兩個不確定性較高的重要因素後，導出了四個情景，而由於這四個情景涵蓋許多重要的內容，以至於最近在談到元宇宙時都會被說成是元宇宙的四個核心領域。

由於技術飛速發展，再加上社會積極接受，2007 年做情景規劃時導出的四個情景全都化為了現實，而雖然這四個情景的發展情

況和速度有所差異，但至今都還在進化。另一方面，這四個情景非
常明確地區分了各自的領域，因此我們可以將其理解為元宇宙的四
個領域，而且有許多人就是這麼理解與介紹元宇宙的。

元宇宙藍圖中的四個情景

增強現實（Augmentation）

擴增實境 （Augmented Reality）	生活紀錄 （Life-Logging）
把數位化的資訊或事物覆蓋在現實空間上，讓使用者能與其互動的被擴增得有用的現實。（例：精靈寶可夢 Go、Google 眼鏡）	以個人為中心，記錄與分享日常生活中的資訊和經驗，或以數位形式累積感測器測量到的數據的空間。（例：Facebook、Cyworld）
鏡像世界 （Mirror World）	虛擬世界 （Virtual World）
以數位形式真實複製、鏡射相連現實世界的世界。（例：數位攣生、Google 地球、Omnibus）	完全被虛擬化、以數位形式構成的環境，和一切想像都被模擬成電腦圖形後創造出來的世界。（例：虛擬實境、MMORPG、第二人生）

與外部互動的（External）　　　　　　　　　　　　個人的　私人的（Intimate）

虛擬化（Simulation）

　　為了進行情景規劃，ASF 將重要的不確定性因素的其中一個
軸定為「內容和應用程式能透過電腦模擬（Simulation）被虛擬化
或將現實世界擴增（Augmentation）到什麼程度」，另一個軸則
是定為「以使用者的認同感為中心時，是屬於在內部發生的個人

（Intimate）領域，還是屬於與外部（External）進行互動的領域」。
用這兩個軸區分出來的四個區塊各代表一個情景，一共導出了四個
情景。個人領域分成了擴增現實的情景和進行虛擬化的情景；會與
外部產生多少互動的領域則分成了擴增現實的情景和雖然會與外部
互動，但是是將現實世界的情境虛擬化的情景。

　　目前，各領域的發展速度和擴散程度有所差異，其中比較容
易開發的生活紀錄領域變得較為普及，虛擬世界和鏡像世界則緊隨
其後，呈現出了正在產生巨大變化的態勢。

擴增實境

　　擴增實境是科幻電影常用的題材之一。在《星際大戰》
中，經常會出現利用雷射全像圖，在遠處的太空船裡投影 3D 圖
像、交換訊息的場面。這種技術稱為「遙現」或「遠端臨場」
（Telepresence），是一種利用電腦繪圖讓現實世界看起來像是與虛
擬人物或資訊相結合的技術。像這樣，將使用者所在的物理空間作
為基本情境，並在那上面映射或混入各種虛擬物體或資訊，以擴增
使用者的視覺和經驗，稱為擴增實境。

　　在擴增實境，最重要的是使用者當下所在的物理空間。此外，
必須要有能在這個空間混入虛擬物體或資訊的裝置和技術。

　　相信大家到湖水公園這種地方時，都有看過湖面上會噴出水、
讓小水滴飄浮在空中，投影機則會從某一側播放影片或動畫。由於
是在現實世界混入了虛擬物體，因此可能會有人認為這也算是擴增

實境。但這種噴水秀與我們定義的擴增實境有著本質上的差異，即沒有與使用者進行互動，也不會根據情況做出動態變化和反應。如果音樂噴泉有與投影機映射配合好、會與使用者互動，並且會根據情況做出反應，那就可以將其視為實現了擴增實境。

日本的科技藝術家團隊 teamLab 創作的作品就符合這個標準。如果去東京台場，就能看到在森大廈數字藝術美術館展出的「Borderless」，teamLab 利用數百台投影機和相機，做了能與觀眾互動的投影機映射。投影機會投影出沿著白色牆壁流淌的瀑布、在空中飛舞的蝴蝶等圖像或影片，觀眾踩或碰的動作會被視為相機的輸入數據，圖像和影片會根據觀眾的動作做出反應。

在這裡，為了根據情況進行互動，需要幾個要素，其中最重要的是位置資訊。位置資訊指基於衛星接收到的電波，準確掌握經緯度座標的 GPS 的位置資訊，以及掌握空間特性的空間資訊。位置資訊的輸入源種類相當地多，除了會在接收不到衛星訊號的室內或陰暗處使用的基於蜂巢式網路的 A-GPS 或 WI-FI AP 訊號提供的位置資訊外，還有信標（Beacon）接收到的位置資訊。

位置資訊之所以如此重要，是因為它可以基於使用者的物理情境做出最廣泛的應用，而且可以在擴增實境中串聯大量的數據。如果要連動基於地圖的服務，那更是必不可少。像這樣，我們可以基於位置資訊連動空間的特性，並根據時間資訊和使用者所處的環境，即時進行互動。

為了連動基於位置的服務與使用者的情況，空間資訊是必不

可少的要素。空間資訊指從相機、光達（LiDAR）等影像感測器接收到的視覺資訊或用 3D 模型呈現的數據。視覺資訊能在被 AR 裝置或雲端處理與分析後提供使用者更準確、更豐富的資訊；如果與位置資訊及地圖數據連動，則能提供使用者準確度極高的導航服務或興趣點（Point of Interest，簡稱 POI）資訊和各種會在辨識到同一空間裡的其他人或物體後馬上連動到物理空間內之情境的服務。

　　擴增實境會被稱為擴增實境，最主要的原因是其具有基於當下的物理位置和空間，擴增使用者的經驗和易用性的效果。視覺資訊是使用者在經過擴增的現實世界裡看到的最直接、最即時的要素。由於需要在使用者眼前的物理空間映射看起來很自然的虛擬物體或資訊，並且需要對使用者的動作和移動立即做出反應，因此對計算能力的要求最高。由於還需要透過螢幕表現出真實感，視覺資訊是最難克服的限制要素之一。

資料來源：shutterstock.com[2]

擴增實境需要讓使用者與外部環境進行同步，因此當使用者做出動作或特定手勢時，必須要正確掌握使用者的用意和情況。為此，擴增實境必須使用各種感測器來追蹤使用者的動作，並以視覺或聽覺形式對各種動作，例如把頭轉向右邊、走路、看某個東西等作出反饋。

前面提到的相機，從廣義上來看也屬於這個領域的技術，同時也是擴增實境情景被歸類為「與外部進行互動」標準的最大原因。

在這個情景中很重要的一點是，與擴增實境創造出的現實世界相連結後被虛擬化的空間，才具有元宇宙的特性。擴增實境技術本身並不是元宇宙，因此基於標記單純在相機前面投影物體，並不在元宇宙的範疇內。也就是說，擴增實境技術只是用來製造元宇宙的工具，其本身並不能被視為元宇宙。

隨著基於物理現實世界、與外部環境進行互動的各種應用程式正在不斷地發展，擴增實境情景也正在迅速擴散。特別是基於智慧型手機的 AR 應用案例有望帶動第二個全盛期。

實際上，2007 年 iPhone 首次問世時，開發商們就利用 iPhone 的感測器和 GPS 資訊，發布了無數個與相機連動的 AR 應用程式，只是由於存在性能的局限性和各種技術上的限制，增長勢頭陷入了停滯。但最近隨著智慧型手機搭載了高性能的多核 GPU、無線寬頻網路日益發展、相機與顯示器的性能不斷提升，基於智慧型手機的 AR 應用程式迎來了下一個鼎盛期。

虛擬世界

在虛擬世界，不僅是使用者所在的空間，就連其他使用者、物體、內容等所有情境都會被電腦圖形模擬成虛擬圖像，因此所有的資訊活動和互動都是在虛擬世界裡進行的。也就是說，以使用者為中心的互動都是在虛擬世界裡發生的。這意味著虛擬世界是一個能讓多名使用者同時進入並進行互動的虛擬化共享空間，也是一個能讓數十名，甚至是數十萬、數百萬名使用者同時上線的環境。從利用 2D 介面呈現出來的空間到利用 3D 做出來具有沉浸感的空間，虛擬世界是一個基於數位資訊、用電腦合成出來之不受任何限制的幻象世界。

哈拉瑞曾說過，人類與其他動物最大的區別在於人類能夠創造虛構的事物、相信那虛構的事物，並在現實世界中將其實體化。創造虛構事物的說故事能力正是人類最特別的能力，就算是無法在現實世界裡實體化的東西或難以實現的想像，在虛擬世界裡都能夠表現出來或化為現實。

在虛擬世界，我們所想像到的一切皆有可能。是好是壞、可不可行這種現實世界中的價值標準並不適用。現實世界中的所有物理法則和技術上的限制都不具有任何約束力。我們可以在水裡呼吸，也可以不坐太空船就在外太空翱翔。我們可以瞬間移動或來趟時空旅行，也能創造一個新的宇宙，或變成某個全新的生物。

只要是能在腦海中想像並用圖像表達的東西，皆能存在於虛擬世界裡，在虛擬空間裡實現。我們無須與以使用者為中心發生的

物理外部環境進行互動，所有事件都是在利用電腦繪圖表現出來的
虛擬情境裡發生。

資料來源：blog.virtualability.org[3]

　　將奇幻小說裡的想像力和小說主題（也就是虛構的故事）創
造出來的結晶做成數位空間，並讓使用者可以在這個空間進行基於
電腦繪圖的互動，就是虛擬世界。在虛擬世界裡，使用者可以交流、
見面、交換資訊或執行任務，在允許的範圍內做任何事情。

　　虛擬世界具有無限大的理想時空，而且沒有參與人數的限制。
雖然實際上會因為存在計算性能和資源的局限性，導致規模不可避
免地受到限制，但人類一直以來都朝著消除局限性這個方向發展了
各種技術。

　　虛擬世界可以分成像《魔獸世界》或《英雄聯盟》這種任務
取向多人遊戲環境的遊戲型虛擬世界；像《第二人生》這種以日常

生活和社群生活環境為主的生活型虛擬世界；以及結合了工作、教育、展覽、會議、購物、內容消費等特定目的與虛擬空間的服務型虛擬世界。但隨著《機器磚塊》、《當個創世神》這種混合了三種要素的融合型虛擬世界陸續登場，這種區分方式不再有太大的意義。虛擬世界目前正以根據目的和特性、混合了各種要素的形態飛速發展。

　　用來表現使用者的認同感並在虛擬世界活動的虛擬分身是虛擬世界的核心要素。這也就是為什麼以虛擬分身為中心的相互性在虛擬世界會如此重要。虛擬世界可以根據相互性，分成會不斷與其他使用者交流、以社群為中心、相互性較強的虛擬世界，和相互性較低或相互性被降到最低的個人虛擬空間。虛擬世界也可以根據使用者的動機和目的分成像《第二人生》以高度自由意志為基礎運行的虛擬世界，和以周密的任務與等級系統為基礎運行的虛擬世界。

虛擬世界的相互性

生活紀錄

　　生活紀錄指雖然以現實世界的物理情境為基礎，但是以使用者為中心，以數位形式記錄與儲存在日常生活中發生的事件。也就是說，生活紀錄指雖然以現實為基礎，但不與外界進行物理性互動，而是透過會使數位空間不斷擴張的使用者們的活動和參與所創造出來的世界。生活紀錄可以根據生成數據的主體細分。通常最容易被認知到的生活紀錄世界是個人用來上傳與分享自己的想法、日常生活隨筆、新聞、日常生活照的社群媒體和社群網路服務。

　　在 Facebook、Twitter、Instagram 等服務平台，人們每天都會上傳與分享無數個貼文。在這些由數位構成的平台，人們可以記錄關於自己的事、分享想分享的瞬間、與其他使用者交朋友、留言，也可以與別人聊天、互動。

　　生活紀錄的特點是雖然它以我們所在的現實世界作為基礎，但被做出來或生成的資訊和數據全都會被記錄與分享在數位平台。

　　如果感測器或裝置生成的使用者數據被記錄在數位空間並被分享，那也算是生活紀錄。Strava、Endomondo、Pacer 等應用程式就會記錄智慧手錶或智慧型手機的感測器測量到的使用者活動記錄。

　　生活紀錄會讀取加速度感測器或陀螺儀（Gyro Sensor）來判斷使用者是在步行、跑步、騎自行車，還是在爬山、游泳。使用者活動得多激烈、消耗了多少卡路里、在哪條路線上移動得多快，都會被記錄在生活紀錄服務中並被分享。對於公開的活動紀錄，其他

人會為分享紀錄的人加油打氣或留言，彷彿像是自己上傳與分享的紀錄一樣，積極做出反應、很有共鳴。

最近上市的大部分的行動裝置都有搭載數十個感測器，因此可以在使用者接受隱私權政策的情況下，收集與記錄非常詳細又準確的活動數據，而這些數據會匯聚成一個生活紀錄的生態系統。

在這些技術的支撐下，量化生活（Quantified Self，簡稱 QS）這個趨勢也正在變得越來越明顯。量化生活指記錄和量化能夠測量到的所有使用者的活動和身體變化。隨著智慧型手機等各種能進行測量的活動追蹤器問世，量化生活的基底正在擴大。此外，現在還能透過測量、追蹤、記錄環境的變化，將看似無關的各種數據串聯起來後，追蹤彼此的關係和關聯性。使用者也能透過分析，客觀且有邏輯地了解自己。

隨著生活紀錄情景變得能記錄與分享圍繞著個人的各種數據，並能以使用者為中心進行互動，生活紀錄正在擴大成一個可以被納入元宇宙範疇的相互連結的空間。

鏡像世界

鏡像世界是一個被電腦虛擬化，並且會與外部互動的領域，也是一個將真實世界建模或複製成數位世界的世界。在這個情景，重要的是能做得多像現實世界。因此，現實世界與其被虛擬化的鏡像世界能多準確又快速地同步相當關鍵。

Google 地球就可以說是一個典型的鏡像世界。Google 地球會

將空拍的街道和建築物轉換成 3D 後在數位平台上建模。雖然不會即時更新，但 Google 地球會透過定期更新，持續反映物理世界實際變化的樣子。使用者可以利用探索者模式一邊翱翔、一邊鳥瞰世界各地。由於 Google 地球連大城市裡高樓大廈的每一個細節都有做出建模，因此只要放大畫面就能連細節都能看得一清二楚。我們只要花個幾秒從首爾飛越太平洋、飛向內華達的天空、放大拉斯維加斯的街道，就能看到反映出了實際位置和累積大量數據的凱薩宮酒店或幻景賭場度假村的建模。

資料來源：gearthblog.com[4]

就算因為新冠大流行而無法出國旅行，我們也可以透過鏡像世界飛到地球的任何一個地方。雖然鏡像世界並不會連現實世界的

真實性和經驗都反映出來，但它可以說是一個將被鏡射成數位世界的現實世界納入了元宇宙範疇的重要情境。

其他類似的例子有 Google 地圖、Google 街景、KakaoMap、NAVER Map、 TMAP、Kakao Navi 等運用了地圖和座標等資訊的地理資訊系統（Geographic Information Systems，簡稱 GIS）平台，這些平台也都在推廣著鏡像世界，而早期品質粗劣、不夠精細的地圖服務現在大部分都變得相當精細且具體，並提供使用者大量的資訊和工具。得益於此，地圖服務不再只是單純提供二次元資訊，它們正朝著與使用者互動、與現實世界連動的方向多元發展。

現在，即時交通資訊、道路交通事故、塞車情況可以同步到地圖服務，為使用者模擬開車或搭乘大眾運輸工具時哪條路線是最佳路線或最快的路線，移動過程中還會更新資訊、告訴使用者新的路線，或幫助使用者繞過事故地點。也就是說，地圖服務發展到了能以數位形式模擬現實世界並結合現實世界中的即時資訊，與使用者進行互動的程度。

Google 街景和 Kakao 街景是一種連動了用 360 度相機拍到的街景照、座標和方向後，提供當時實際拍到的街景照的功能。這種功能雖然與 Google 地球相似，但它提供的並不是鳥瞰圖，而是行駛車輛視角鏡射的現實世界。

Google 街景目前正在實驗性地測試讓使用者進入部分場所體驗該場所室內的樣子和氛圍的功能，以及進入博物館或美術館間接參觀作品和館內空間的功能。就算沒有登門造訪，使用者也能近距

離觀賞紐約現代藝術博物館的作品，還能聆聽解說和導覽。雖然鏡像世界和虛擬世界使用的是相同的技術，但根據被虛擬化的情境是將實際存在的事物建模，還是是將想像化為現實這極微小的差異，區分出了鏡像世界這個情境。

　　鏡像世界具有缺乏使用者之間互動的特性，但導航應用程式位智（Waze）多少有朝著將使用者上傳的資訊分享給其他使用者以促進導航社群化的方向發展。原本要在地圖上更新即時交通資訊或異常事項並不容易，但位智正透過讓使用者在相當短的延遲時間內分享道路資訊以彌補這不足之處。有相當多使用者會將躲在道路旁取締超速的警車、掉落在路上的危險墜落物等反映在鏡像世界裡，來幫助其他使用者。

　　韓國的導航應用程式 Kakao Navi 會在地圖上顯示使用者們登錄的興趣點權重，秀出有多少人在地圖上登錄了某間餐廳、咖啡廳等場所，因此使用者們可以根據這個數字判斷某家餐廳好不好吃。此外，Kakao Navi 還有與 KakaoMap 的留言區連動，使用者可以查看反饋、評價和意見。像這樣，生活紀錄有時候會與鏡像世界串聯。

　　目前產業界正在關注鏡像世界的另一個關鍵領域，是一種被稱為「數位孿生」（digital twin，也被稱為數位分身）的技術趨勢。數位孿生是奇異公司在開發智慧工廠和虛擬製造解決方案的過程中提出的一種概念，指用電腦將現實世界中的設備、飛機引擎、工廠、生產設備、生產現場、發電站等虛擬化。

　　有了這項技術，我們可以在盡可能將運行條件和參數設定得

跟現實世界一樣後，透過模擬設備或工廠的運行狀況找出最佳調整方案，或發現可能會造成運行上發生問題的環境；我們也可以在建設工廠或某個場所前，事先驗證可能會在施工過程中出現問題的部分，將風險降到最低。雖然有人認為初期的數位孿生模型的主要用途是進行單純的模擬，因此不能算是鏡像世界，但由於這個情景不斷朝著與使用者互動、與相連的系統串聯的方向發展，因此其充分能被納入鏡像世界的範疇。

例如，我們可以不斷將飛機引擎上數百個感測器實際上接收到的測量值同步到數位孿生引擎模型中，以事先預測可能會發生的引擎事故，或是提早更換零件以提高安全性、延長引擎的壽命；而工廠則可以在運行設備時，利用搭載的感應器接收輸入後，透過智慧工廠的數位孿生進行生產管理，並最大限度地進行最佳化、提升效率，還可以對使用者的操作或維修過程提供反饋。

數位孿生技術不但能將透過模擬找到的最佳變數自動套用到物理設備上，還能反過來讓物理設備的設定反映到數位孿生上。因此，鏡像世界正根據各種不同的目的和規模朝多個方向擴張。

03

所以元宇宙到底是什麼？

　　我們可以透過元宇宙的概念起源和四種情景規劃知道元宇宙的定義和領域正在擴大。最初提出的元宇宙，指的是利用電腦繪圖做出來的虛擬世界，而這個世界是由虛擬實境這個充滿真實感、沉浸感的情境構成的世界。

　　虛擬實境指的是一個天、地、環境、建築物、道路、物品、人、動物等一切都是用電腦繪圖做出來的虛擬情境，其同時也是一個會由眾多從現實世界透過虛擬分身進入的使用者，彼此進行互動、建立社會關係、舉辦活動，甚至是透過在虛擬世界裡流通的貨幣和商品讓虛擬經濟運行的、時間不會停止流逝的平行世界。

　　但是受到計算能力和網路的限制，早期可基於 2D 螢幕做出來的虛擬世界只有一部分得到了普及。之後隨著虛擬化和擴增的情景被提出，其擴大成了與現實世界相連結的領域。也就是說，隨著「虛擬世界本身就是元宇宙」這個狹義的概念因為技術的發展而擴大成了「與現實世界相連結的元宇宙」，元宇宙的定義變成了廣義的概念。

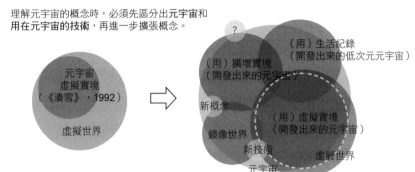

狹義的元宇宙　　　　　　　**不斷擴大、廣義的元宇宙**

理解元宇宙的概念時，必須先區分出元宇宙和
用在元宇宙的技術，再進一步擴張概念。

元宇宙
虛擬實境
（《潰雪》，1992）

虛擬世界

?

（用）生活紀錄
（開發出來的低次元元宇宙）

（用）擴增實境
（開發出來的元宇宙）

新概念

（用）虛擬實境
（開發出來的元宇宙）

鏡像世界

新技術

虛擬世界

元宇宙

· 越來越元宇宙化
· 低次元 → 多次元；使用複數個技術；七大核心要素

當然，隨著人類的感官和認知擴張、與電腦連結的介面發展，元宇宙的定義可能會擴張成更大的世界觀。隨著元宇宙的初期概念中未被高度實現的有沉浸感的使用者之間的互動、社群功能、虛擬經濟結構與各種技術相結合，元宇宙的定義正進一步在擴大。

目前我們所說的元宇宙，指的就是這種正在擴張的廣義的概念。元宇宙即指基於現實世界連接網路後，由數位構成的虛擬世界或擴增實境等所有虛擬空間連結與組合而成的世界。現在，元宇宙最初誕生時的概念正在一個個被實現。也就是說，被擴增得更有用的現實世界，和將與此相連的虛擬世界創造出來的、以多名使用者為中心的各種結合，統稱為元宇宙。

元宇宙的定義

由被擴增得更有用的現實世界、將想像化為現實的虛擬世界，以及連接網路後做出來的多維數位空間組合而成，以從現實世界進入的多名使用者為中心的無限世界。

元宇宙的七大核心要素

　　我們前面所探究的各種概念和情景，包含了元宇宙必不可少的重要標準和核心要素。由於還沒有公認的或確立的定義，這個標準與核心要素可能會有所變動，而且根據不同的情景，確實會需要具備不同的要素。

　　儘管如此，各種概念和情景之間存在著幾個非常重要的共同要素。那就是貫穿尼爾・史蒂芬森的《潰雪》中一切皆存在於虛擬世界的「大街」（The Street）[5]，以及能在我們身邊發現的各種情景的本質。

　　（1）以時時刻刻連上網路為基礎。 透過連上網路，多名使用者隨時隨地都能進入元宇宙。這年頭，無論是智慧型手機還是電腦，隨時都是連上網路的狀態，我們幾乎不需要花心思連線，有時候反而還要想辦法不要連上網路。像這樣，元宇宙時時刻刻與我們的世界相連，我們隨時隨地都能進入元宇宙。

5　參考《潰雪》（開元書印，2008 年）。

（2）是一個與我們所在的現實世界相連、由數位構成的無限世界，而且物理現實世界與虛擬世界的界限模糊不清。就像空氣一樣，網路滲透到了我們的生活中，其無處不在到我們無法區分線上和線下的地步。並存的現實世界和虛擬世界正在層層疊加與無限擴張。

（3）有一個與使用者分享的虛擬情境，使用者們可以在這情境中進行互動。名為現實世界的橫線與名為虛擬世界的直線交織在一起，在那縫隙中存在著情境，使用者會在重疊之處溝通與交流，元宇宙即為一個這樣的社會結構（Social Fabric）。

（4）能透過多重身分實現多重在場，且每個情境都各自有最佳化、具有沉浸感的使用者經驗（User Experience，簡稱 UX）。元宇宙的使用者可以擁有多個身分且可以同時存在。每個身分都基於不同情境的使用者經驗存在，當多個身分相互連結，就會整合成一個身分。

（5）自帶一個物理上不會停止的時間系統，時間會按系統的週期不斷流逝。就算使用者不進入，該空間的時間也會繼續流逝。所有與現實世界共用同一個時間軸的空間，以及時間週期與現實世界相異的空間會結合成一個元宇宙。

（6）必須使用由多模態（Multimodal）輸入設備和輸出設備所組成的特殊軟硬體組合才能進入元宇宙。由於元宇宙是由數位構成的世界，想進入元宇宙就必須先進行位元化，才能進行傳輸。隨著我們被多模態輸入設備轉換成位元，位元之間的互動又被輸

出，元宇宙就此誕生。

（7）**是一個基於數位虛擬經濟的多重平行世界。**每個世界都有一個可以持續運行下去的獨立價值體系，如果加入人類的慾望，就會形成虛擬經濟。在虛擬經濟中，虛擬商品會不斷地累積，使用者會進行價值交換，而元宇宙是眾多具有這種虛擬經濟體系的世界之最上層集合。

元宇宙的七個核心要素

價值體系	數位虛擬經濟體系	
UX＋情境	能與使用者分享或進行互動的虛擬情境	基於多重身分、多重存在的使用者經驗
	使用者	
時空	與現實世界相連、由數位構成的世界	按照自帶週期的時間系統不斷運行
裝置	透過多重輸出入硬體和軟體進入（PC、智慧型手機、AR／VR設備等）	
網路	以時時刻刻連上網路（雲端）為基礎	

遊戲就是元宇宙嗎？

　　虛擬世界最初是人類在腦海中想像與描繪出來的世界，但在被寫成小說或拍成電影後，虛擬世界開始有了實體。隨著電腦具備圖形處理能力和計算能力，人類開始開發遊戲，並在遊戲裡將各種存在於幻想中的故事化為現實。到目前這個階段，都還不算踏入了元宇宙的領域，因為這時候的遊戲還沒有元宇宙所追求的共享空間，玩家們在虛擬世界裡能做的事只有完成任務、破關、前往目的地而已，還無法與其他玩家互動與交流。

　　1980 年代，遊戲開發商透過電腦通訊發布了各種基於文字模式的 MUDs[6] 遊戲，人類開始試著讓多名玩家同時上線。1990 年代，隨著任天堂和 Sony 推出 VR HMD 和 VR 遊戲，人們開始試著將遊戲領域拓展至被歸類為虛擬實境的虛擬世界。隨著網路全面普及，1996 年，日後創立 Niantic Labs 的約翰・漢克（John Hanke）開發並發布了《Meridian 59》，理查・蓋瑞特則開發了《網路創世紀》，

6　Multi-User Dungeons，多人即時虛擬類遊戲。

這兩款遊戲開創了 MMORPG 的遊戲類型，元宇宙的世界觀隨之迅速擴散。

　　在那之後，開發商們發布了數不清的遊戲，多到就算說「元宇宙始於遊戲」也不為過的地步。透過上網進入虛擬世界的大規模玩家合作、競爭、打鬥，玩家人數也在進一步增加。隨著《網路創世紀》、《上古卷軸》等開放世界遊戲發現在虛擬世界中人類會產生新的慾望，遊戲開始進化，《第二人生》、《哈寶賓館》等各式各樣的新遊戲問世，與網路相連的遊戲的世界觀和規模也都變得越來越龐大。

　　接著，智慧型手機普及，許多 PC 版遊戲開發了 24 小時連線的智慧型手機版遊戲，我們隨時隨地都能上線玩遊戲；另一方面，需要用遊戲機玩的遊戲也變得越來越多。隨著要用 Xbox、Sony PlayStation 玩的主機遊戲發布，《戰慄時空：艾莉克絲》、《Population: One》這類需要戴上 Oculus Quest、HTC VIVE 等 VR頭戴式裝置玩的 VR 遊戲推出，遊戲開始朝著多樣化飛速發展。

　　遊戲具有虛擬世界的屬性，並且伴隨著元宇宙的誕生一路進化到今天，因此有不少人認為遊戲就是虛擬世界兼元宇宙；然而，並不是所有的遊戲都是元宇宙。基本上，元宇宙以網路的連結性為基礎，因此沒有連接到網路、使用者之間沒有互動、沒有介面作為與現實世界之界限的遊戲大部分都只是普通的遊戲。

　　雖然元宇宙始於遊戲，但它不僅僅是遊戲。元宇宙已經變成了一個與我們生活的世界相連結的另一個世界，其規模超乎我們的想像並不斷地在擴大。

遊戲與元宇宙不同嗎？

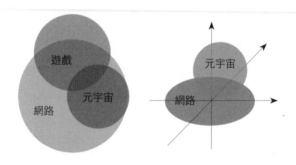

元宇宙串流的時代
即將揭開帷幕

「元宇宙是下一代的網路，即空間網路。」

這是遊戲開發商 Epic Games 的蒂姆・斯維尼（Tim Sweeney）提出的主張。也就是說，如果進入元宇宙時代，平面的網路將會進化成空間網路，所有的使用者不但可以在虛擬空間搜尋、閱讀新聞、玩遊戲、經營社群網路，還可以購物、工作。

光是想像互聯網時代到來，沉浸感和現實感會被最大化，而且可以享受豐富的體驗就讓人感到雀躍。網路是連結各種人事物時最不可或缺的要素和基礎設施，也是讓使用者可以隨時隨地進入元宇宙的關鍵工具。不過，雖然網路是元宇宙的必備條件，並不是所有與網路有關的東西都具有元宇宙的屬性。因此，即使空間網路可以成為元宇宙的未來，但它並不代表整個網路，蒂姆・斯維尼的主張其實藏著很大的私心。

實際上，眾多網路標準化組織也早就意識到了空間網路的潛力，並從初期就不斷發展了 Web 3D 標準化和網頁技術。因此，現

在有許多 3D 要素在網頁中也能好好呈現出來、正常運行。多虧了有這樣的發展，我們進入了一個不需要有額外的硬體作為介面、只要有網頁瀏覽器即可進入元宇宙的時代。

　　現在，除了網路遊戲已經變得相當普及，就連演場會場地、樣品屋、展櫃、展覽館、觀光景點等各種充滿潛力的場所都被試著搬進了網路瀏覽器。不需要額外的硬體設備或用戶端軟體就能進出元宇宙，也意味著瀏覽器可以成為現實世界和虛擬世界之間的介面。就如同我們進入了可以串流 Google 的 Stadia、Valve 的 Steam、Apple 的 Arcade 等遊戲的時代，可以串流元宇宙的時代也正在揭開帷幕。

　　隨著元宇宙的本體在雲端運行且連接元宇宙的某個特定活動或入口被串流，使用者們將能活躍地往返於現實世界與元宇宙世界，而且就算虛擬化的世界不斷擴張，我們也能沉浸在不會中斷或停止的體驗中。也就是說，我們將可以把電腦系統或網路會造成的影響降到最低，並創造出一個會不斷進化、有無限發展空間的虛擬世界。

混合實境和延展實境

　　虛擬實境，指的是在完全被數位化的虛擬化環境中，與虛擬化情境進行互動的體驗。反觀擴增實境，擴增實境以現實世界為基礎，指的是在物理空間上疊加由虛擬化資訊或物體構成的覆蓋層，並與這種情境進行的互動。

　　現在，隨著技術水準不斷提升，常常會出現擴增實境和虛擬實境混合在一起的情況，VR 設備可以依需求切換成 AR 模式、擴增實境中出現虛擬實境就是個例子。我們稱這種難以明確區分是哪種情景的情景為混合實境（Mixed Reality 或 Merged Reality，簡稱 MR）。在不曉得今後還會出現哪些情景的情況下，我們將所有的虛擬化技術統稱為延展實境（Extended Reality，簡稱 XR）。

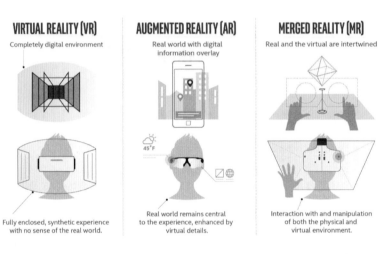

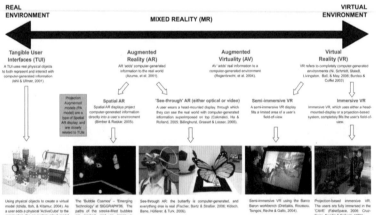

資料來源：en.wikipedia.org[5]

第**4**章

一秒搞懂元宇宙的歷史

電影中的元宇宙

　　科幻電影的虛構性和想像力與元宇宙高度契合。雖然技術和發展背景一直是我們在比較科幻電影和元宇宙時會提及的要素，但充滿無窮可能的想像力更為重要。

　　僅花幾秒鐘就能移動數百萬光年、與遠方的家人見面，或者在遼闊的幻想世界或侏羅紀公園探險……雖然這些事缺乏科學根據，但都有可能在科幻電影中發生。人類從很久以前開始，就在電影與小說中發揮、表達、展現了這些想像和希望。

　　元宇宙相當於利用數位技術把科幻電影裡的空間做成各種型態。也因為如此，元宇宙成了人類渴求已久的對象，並隨著科技的發展走在被實體化的漫長旅途上。令人驚訝的是，人類的這種慾望可以在悠久的歷史中找到。可見元宇宙就跟歌舞一樣，是在人類的本性和內心深處占有一席之地、被人類渴求的重要對象。

流露出人類慾望的 VR 發展史

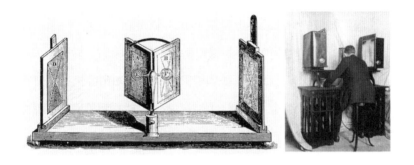

　　1832 年，英國物理學家兼電機工程學家查爾斯・惠斯登（Sir Charles Wheatstone）迷上了研究立體鏡（Stereoscope）。他發現人類的雙眼有視差，只要利用這一點就能看到立體圖像，並親手做了立體鏡。在那之後，隨著發展出各種型態的立體鏡、立體照片問世，人們開始有機會欣賞立體照片。雖然這項技術並不是虛擬實境，但其應用的最重要的原理與 VR 頭戴式裝置是一樣的。像這樣，人類想看到立體事物的慾望從很久以前就流露了出來，並延續至今。

虛擬實境的概念最早出現在 1935 年斯坦利‧溫鮑姆（Stanley Weinbaum）所著的極短篇小說《皮格馬利翁的眼鏡》（*Pygmalion's Spectacles*）中。這部小說將「夢與現實之間的認知和感覺」這個有點哲學的主題作為背景，描述一個圍繞著一副能看到夢境的眼鏡展開的故事，這與今日的虛擬實境追求的價值觀巧妙地相吻合。

雖然與虛擬實境的概念相去甚遠，但 1939 年上市的「View Master」幻燈片立體眼鏡席捲了全球，能拍出立體照片的相機也在 1952 年上市。筆者還記得 1970 至 1980 年代，韓國也曾流行過類似的玩具。

1962 年，堪稱史上第一台 3D 電影設備的「Sensorama」問世。莫頓‧海利格（Morton Heilig）不僅讓 Sensorama 播放立體影像，還同時提供了立體聲、香氣、震動、風等效果，就算說 Sensorama 是 4DX 電影的原型也不為過，只可惜 Sensorama 在技術上未能取得成功。

在那之後，伊凡‧蘇澤蘭（Ivan Sutherland）首度在研究中提到了虛擬實境的概念。1965 年，伊凡在其發表的論文《終極顯示》（*The Ultimate Display*）[①]中主張，自己可以在一個空間裡製造一台電腦，並將那個空間用作終極顯示器。接著在 1968 年，他發表了當今頭戴式顯示器的原型，使用者可以透過 2 個 CRT 顯示器看到立體影像，但這個設備非常重，必須固定在天花板上。透過這次的發表，虛擬實境這個領域開始被人們研究，伊凡‧蘇澤蘭則獲得了「虛擬實境教父」（the Godfather of VR）的頭銜。[②]

接下來，創辦了全球第一家商業用 VR 企業 VPL 研究公司（VPL Research）的傑容‧藍尼爾（Jaron Lanier）揭開了虛擬實境發展期的帷幕。1985 年，傑容‧藍尼爾推出了一款眼罩設備和用作輸入設備的穿戴式手套，這款眼罩的外觀設計成了今日 VR 眼鏡的參考範本。傑容‧藍尼爾還開發出了能讓連上網路的多名使用者在虛擬世界探險的應用程式和虛擬分身，「虛擬實境之父」就此誕生。

隨著 PC 時代蓬勃發展，傑容‧藍尼爾掀起
的熱潮在 1990 年代進一步帶來了虛擬實境的鼎盛
期。1995 年，Sega VR、任天堂的 Virtual Boy 等產
品上市，專業雜誌《PC GAMER》甚至大力稱讚：
「VR 是遊戲的未來。」

　　然而，當網路全面普及、PC 與微軟的 Windows 作業系統迅速
發展時，虛擬實境卻遇到了技術瓶頸，以至於漸漸失去了人們的關
注。直到 2012 年，為 VR 狂熱的帕爾默‧拉奇（Palmer Luckey）登

場，再次引起全球轟動的 VR 產品終於問世，虛擬實境這才終於在
漫長的等待後迎來了第二個發展期。

03

還是現在進行式的 AR 發展史

　　擴增實境的起源也能追溯到相當久以前。1862 年，當時在倫敦皇家理工學院教書的約翰‧佩珀爾（John Pepper）發明了一種利用鏡子在劇院做出全像的裝置。

　　這個裝置被用在幾場有幽靈出現的舞台劇後聲名大噪，後來人們稱這項技術為「佩珀爾幻象」（Pepper's Ghost）。雖然這個裝置只是一種利用了鏡子和玻璃的映射、非常簡單的全像技術，但由於與今日的擴增實境使用的基本原理相同，因此有人將其視為擴增實境的起源。

　　而 AR 眼鏡的首次登場，是在小說
《萬能金鑰》（*The Master Key*）中，這本
小說的作者正是以 1901 年出版的《綠野
仙蹤》（*The Wonderful Wizard of Oz*）聞名
的法蘭克・鮑姆（Frank Baum）。在《萬
能金鑰》中，主角羅布・喬斯林（Rob
Joslyn）是一名電機工程師。在某次實驗

中，喬斯林不小心召喚出了惡魔，惡魔在三週的時間裡給了他幾個
設備當作禮物。而喬斯林在第二週時收到的其中一個禮物是一副叫
「個性標記」（Character Marker）的眼鏡。只要戴上這副眼鏡，就
能看到別人的額頭上寫著那個人是好人、壞人、傻瓜、親切的人、
明智的人還是邪惡的人；功能雖然簡單，但其使用方法和今日的
AR 眼鏡相似。

　　擴增實境並沒有顯著的發展期，但有在 1960 年左右被用在飛
機的抬頭顯示器（Head-up Display，簡稱 HUD）和頭盔上。在那
之後，AR 同樣沒有特別被應用在太多地方，也沒有關於 AR 的重
大研究。擴增實境只有在 1995 年虛擬實境迎來鼎盛期時，跟著掀
起一小波熱潮，當時 Virtual I/O 推出之 iGlasses 的設計接近最近正
在開發的 AR 眼鏡的原型。iGlasses 是一款非常早期的產品，其使用
了 VGA 解析度的顯示器，可以連接電腦、輸出畫面。在 2013 年
Google 眼鏡上市前，大多都是智慧型手機裡使用了相機功能的 App
活用了擴增實境這項技術。

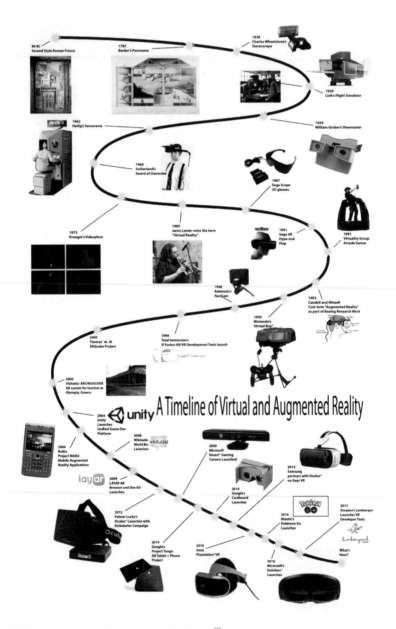

資料來源：augmentedrealitymarketing.pressbooks.com[1]

普及計算與史帝夫・曼的嘗試

1990 年代是 WWW 網路的發展期，這個時期一直都有各種稱得上是網路歷史里程碑的研發。在這裡，我們必須要記得兩個人物——提出普及計算（Ubiquitous computing）概念的馬克・維瑟（Mark Weiser）和提出可穿戴計算概念的史帝夫・曼（Steve Mann）。馬克・維瑟在 1988 年（也有一說為 1991 年）發表了普及計算的概念。「Ubiquitous」指「隨時隨地皆存在」，這個概念源自一篇主張未來將隨時隨地都有電腦存在的論文。

馬克・維瑟提出了三種將會在未來出現的計算型態。第一種型態是「消失的計算」，指隨著電腦被融入日常物品中，能夠區分日常物品和電腦的特性最終將會消失；第二種型態是「隱形計算」，指隨時可使用的電腦將會像空氣一樣滲透到我們的日常生活中，電腦的物理實體將不再可見；第三種是「寧靜計算」，指電腦將變得安靜到人類無法察覺到其正在計算。

1990 年代，馬克・維瑟為這些技術奠定了基礎，並做了大量的研究。令人驚訝的是，30 多年後的今天，其主張的普及計算已

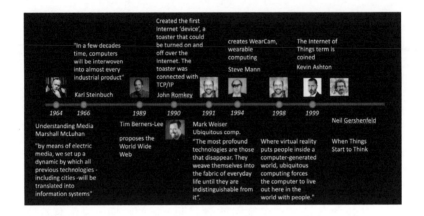

滲透到了我們的生活。物聯網、雲端運算、行動、人工智慧……雖然我們目前使用的是代表這個時代的其他用語，但如果將這些用語結合成一個詞，那便是普及計算。

1998 年，馬克·維瑟表示，若普及計算指只要有人便有電腦的存在，那虛擬實境指的就是電腦創造出來的世界裡有人類的存在。

同一時期，史帝夫·曼對穿戴在身上的電腦產生了濃厚的興趣。他相信穿戴式電腦的時代將會來臨，並認為人類將可以透過電腦測量與記錄日常生活中的一切事物。為了量化測量並記錄以使用者為中心發生的所有事，即為了自我量化，史帝夫·曼開發出搭載了各種感測器和網際網路的電腦，以及搭載了相機的智慧眼鏡，其外觀和功能與今日的 AR 眼鏡非常相似。

1980 年　　1980 年代中　　1990 年代初　　1990 年代中　　1990 年代末

　　「世界上所有的事物將變成電腦並滲透到日常生活中。」「可穿戴式電腦的時代將會到來。」今天，我們正在見證這兩位先驅所提出的主張逐一在眼前化為現實。

Cyworld 沒能進化成元宇宙的原因

　　網路泡沫時期，韓國有項服務以俱樂部服務起家、後來被稱為韓國社群網路的始祖，那就是曾以「迷你窩」（Minihompy）聞名的 Cyworld。當時韓國有許多能讓使用者互相聯繫、建立群組並在群組內以興趣或利害關係為中心交流的服務，舉例來說有 Freechal、DAMOIM、iloveschool。

　　Cyworld 也是當時在類似的目的下誕生的服務，但一開始並沒有在眾多類似的服務中嶄露頭角。Cyworld 會變成韓國代表性的社群網路服務，全是因為其推出的「迷你窩」。使用者可以在迷你窩分享自己的日常生活、上傳照片、裝飾自己的頁面，朋友則可以進入使用者的迷你窩留言、與使用者交流。Cyworld 後來推出了能將最要好的朋友設定成「家族」的功能，並讓使用者能查看別人的家族、進入別人的迷你窩、結交新朋友，Cyworld 從此成了韓國的「國民社群網站服務」。

　　2002 年開放迷你窩後，Cyworld 推出了數位貨幣「松果」讓使用者可以裝飾網頁。儘管每購買一顆松果就要花 100 韓元，使用

者們仍然大量購買與使用松果，因此當時僅松果的銷售額就達到了 1000 億韓元。光是粗略計算，就能推算出當時一個月就流通了大約 10 億顆松果。而其背後的原因，是因為 2002 年反對 Freechal 收費的使用者大舉退出 Freechal、改用 Cyworld，使得 Cyworld 的使用者人數劇增，這些用戶又在 Cyworld 積極使用了收費服務的關係。

在這樣的增長勢頭下，SK 通訊收購了 Cyworld。2004 年，Cyworld 的會員數突破了 1000 萬，2007 年更是突破了 2000 萬，2008 年突破了 3000 萬，Cyworld 迎來了鼎盛期。儘管取得了如此輝煌的成功，Cyworld 卻在被 SK 通訊收購後，因為各種原因開始走向衰落。其中最具代表性的原因有：公司創始人和初期開發人員離職、管理層頻繁更換且對社群網路服務的理解不足、未與入口網站 NateON 合理結合、採取了封閉的平台營運模式、為了增加松果的收益而盲目結合了各種商業模式、未迅速應對行動時代、缺乏顧客價值等，各種不利的條件最終招來了衰敗。

就在 Cyworld 停滯不前、內部出現各種雜音時，Facebook、Twitter、Instagram 等全球社群網路服務出現了，這些社群網路服務將全世界的使用者連結在一起，成為了巨大的帝國。Cyworld 明明始於初創期，有機會成為全球社群網路服務，甚至有可能進一步成長為元宇宙的領頭羊，卻非常遺憾地沒能實現這一切，反而走入了歷史。

在 Cyworld 裡，每個人都擁有一個雖然小但只屬於自己的虛擬空間，這個虛擬空間在二次元平面上、解析度和大小都固定。在

「迷你窩」這個虛擬空間裡，有一個使用者可以自由編輯的「小房間」，使用者可以在這個房間裡擺放家具、更換壁紙或室內裝飾，也可以用松果買東西，盡情地裝飾自己的小房間。

Cyworld 裡運行著以數位貨幣「松果」為中心的基礎虛擬經濟「松果經濟」。有的使用者會用松果購買音樂用作迷你窩的背景音樂，有的使用者會為自己的虛擬分身「minime」購買服飾去打扮 minime。此外，就跟韓國人現在會用 KakaoTalk 送禮物給別人一樣，當時 Cyworld 的使用者可以用松果買迷你窩的背景圖或物品，當作生日禮物送給好友，好友之間也可以互贈松果加深感情，也有不少想打扮 minime 或想裝飾迷你窩但松果不夠的使用者會到處乞討要松果。

當時，韓國有眾多使用者會同時上線訪問彼此的房間、在留言板上留言，以及透過查看別人的「家族」的功能，找到好友的好友並結交新朋友。如果變成「家族」關係，就能更密切地交流甚至建立俱樂部，一起聊共同感興趣的話題。

只要在迷你窩發文表達自己的想法、報告近況，或上傳照片、感性貼圖，就會有許多人回帖、按喜歡，就算說近幾年 Facebook、Instagram 上的感性文和炫耀文始於 Cyworld 也不為過。雖然沒有證據，但筆者我認為 Facebook、Instagram 等社群網路服務初期推出的動態時報、尋找朋友等功能，說不定就是參考了一些 Cyworld 的設定。

Cyworld 具有「融合型元宇宙」的特性，其結合了典型的基於

社交生活的虛擬世界與日常生活紀錄。在允許多名使用者同時上線並且 24 小時都在運作的 Cyworld 裡，有象徵著每個使用者的個人化角色「minime」和使用者各自的虛擬空間「迷你窩」，使用者們會基於這個空間，用自己的 minime 與其他人溝通交流。Cyworld 是一個典型的元宇宙虛擬世界，並且有以虛擬貨幣和商店為中心的經濟結構，使用者可以交換物品或購買商品。

　　Cyworld 裡的生活與使用者們的現實世界相連，為當時的韓國人帶來了巨大的影響，我們甚至可以說 Cyworld 裡的生活成了當時的韓國人的另一個日常。雖然與目前正在興起的元宇宙相比 Cyworld 仍有許多不足之處，但如果只看構成要素，初期的 Cyworld 足以被稱為元宇宙的先驅。

　　或許是因為留有這樣的遺憾，SK 通訊曾試圖開發行動裝置版本讓 Cyworld 復活，只是之前未能啟動相關計畫或取得成功。不過 SK 通訊最近又開始全面投資、不斷有大動作，引起了人們的關注。雖然 SK 通訊表示 Cyworld 擁有 3000 萬名使用者的數據，但靠過去的使用者和數據進行開發並沒有太大意義。因此，是否能蛻變成符合元宇宙時代的趨勢、吸引 MZ 世代的新服務將成為關鍵。

　　從這個觀點來看，除了前面提到的理由，我們有必要去探討其為何沒能發展成正在全面擴大的元宇宙。

　　（1）面對全球競爭對手出現，Cyworld 過於安逸，沒有開發新的使用者經驗或相關的應對策略。Cyworld 的迷你窩曾經根據其誕生時最普及的顯示器解析度 XGA（1024×768）進行了最佳化，

但後來出現解析度更高的顯示器，Cyworld 卻沒有跳脫出固定的框架。

　　由於從初期設計階段開始就沒有考慮到顯示器的解析度可能會變高，因此在使用者劇增後，修改與升級整個框架應該是一項負擔沉重的任務。再加上當時的銷售額不斷增長，公司應該未能具備對這部分的長期眼光或建立相關策略的先見之明。固定的使用者介面在擴大功能的過程中成了阻礙因素，使用者只能在固定的框架裡與其他人交流互動。在 Facebook 等其他社群網路服務與各種 App 連動，讓使用者經驗變得更多樣時，Cyworld 卻一直固守既有框架裡的使用者介面，這在使用者經驗逐漸轉向以智慧型手機為主的行動網路時期，成了 Cyworld 在試圖做出改變時，使其選擇受限且無法快速改變的主要原因。

　　（2）缺乏一個能使網路效果最大化的平台結構。Cyworld 與韓國的入口網站 Nate 合併後只允許 NateOn 的使用者登錄，而且不同國家、不同語言的平台都是各自的平台，這些封閉式的營運策略完全斬斷了 Cyworld 打破現實世界和虛擬世界的界限成長的機會。

　　唯有讓使用者們交流互動、促進新的社群形成，並透過飛輪效應吸引新用戶加入，不斷讓越來越多使用者能更密切地交流，元宇宙才會有更強的生命力。由於未能引導使用者積極交流或主動為社群做出貢獻，又只顧著單方面供應內容，以增加松果的銷量收入，Cyworld 早在很久以前就只剩下過去的輝煌，不再有使用者訪問。

　　Cyworld 這個平台不但需要建立一個能不斷提供使用者獎勵、內容或其他物品的激勵結構和營收模式，還需要持續提供使用者新的使用者經驗和任務。此外，Cyworld 還需要創造一個能不受時間與空間的限制、不斷擴張的世界觀和生態系統。

06

《第二人生》的錯誤嘗試及
其夢想未能實現的原因

　　小說《潰雪》出版後為無數人帶來了與新世界有關的刺激和靈感。想到人類有無限可能可以將想像中的世界化為現實，人們為之瘋狂，並開始想像起了戴上眼鏡後所接觸到的世界將充滿哪些機會。《潰雪》同樣也為一名叫菲利普・羅斯德（Philip Rosedale）的年輕人帶來了源源不絕的強烈靈感和巨大動機，並讓他日後有了個看似荒誕的夢想──將《潰雪》中所描繪的世界化為現實。

　　為了實現這個夢想，菲利普・羅斯德於 1999 年成立了一家叫林登實驗室（Linden Lab）的公司，並想著要在非現實世界中創造第二個人生。2002 年，用電腦做出來的虛擬世界《第二人生》讓這個想像化為了現實，菲利普則以名為菲利普・林登的虛擬分身登錄了《第二人生》。2002 年 3 月，第一個居民「Steller Sunshine」註冊了遊戲，《第二人生》測試版正式上線。

　　當時《第二人生》叫《LindenWorld》，它就和我們生活的現實世界一樣，主要由大陸（Mainland）、外地（Outland）、島嶼、

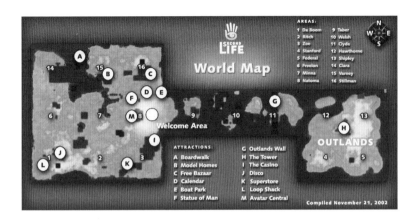

海洋組成，整個世界稱為「Grid」。LindenWorld 分開營運包含第一個區域 Da Boom 在內的 16 個區域（Area）。會這麼做，估計是因為最初一共有 16 台伺服器。在 LindenWorld，每個地區（Region）的面積為 256×256m（65,536m^2），其由大小為 4×4m（16m^2）的最小土地單位「地段」（Parcels）所組成。

　　其中，地區被設計成了能以當時的伺服器計算能力處理的水準，最複雜的城市地區（Full Region）最多能容納 100 個虛擬分身，其土地的圖像複雜度也有受到限制。居住地區（Homestead Region）最多能容納的虛擬分身數為 20 個，自由土地（Openspace）則為 10 個，各地區依目的被設計成了不同的類型。這數百個區域會被道路和鐵路連接成一個面積最大的大陸「Mainland」，玩家可以購買土地或支付租金，依目的使用土地。《第二人生》還有設計供玩家購買的私人區域。

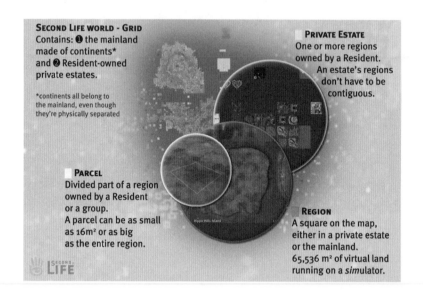

SECOND LIFE WORLD - GRID
Contains: ❶ the mainland made of continents* and ❷ Resident-owned private estates.

*continents all belong to the mainland, even though they're physically separated

PRIVATE ESTATE
One or more regions owned by a Resident. An estate's regions don't have to be contiguous.

PARCEL
Divided part of a region owned by a Resident or a group. A parcel can be as small as 16m² or as big as the entire region.

REGION
A square on the map, either in a private estate or the mainland. 65,536 m² of virtual land running on a simulator.

　　像這樣，《第二人生》在虛擬世界的房地產領域提出了重要的設定和基本要素，這成了日後各種虛擬世界平台的參考和典範。

　　順道一提，在遊戲裡虛擬分身們可以在虛擬世界中遼闊的土地奔跑、走路，在海裡游泳，或在空中飛行。

　　2003 年，這款遊戲改名為《第二人生》並正式發布，還在同年底推出了名為「林登幣」（L$）的《第二人生》專用貨幣。為了防止不夠充裕的初期計算資源遭到濫用，《第二人生》還建立了每週會根據使用量徵收稅金的系統。後來《第二人生》建立了可以兌換林登幣的交易所 LindeX，正式拉開了虛擬經濟的序幕。

　　瞬間，全世界都關注起了《第二人生》，人們彷彿把《第二人生》當作了人類的未來而興奮不已，媒體也每天都在報導關於

《第二人生》的新聞。初期玩家為數不多，但從 2006 年開始全面劇增，菲利普・羅斯德甚至被《時代》評選為「百大人物」。2007年，《第二人生》的玩家人數暴增到超過了 960 萬名，高峰期時月活躍用戶（MAU）還達到了 110 萬。美國市場行銷協會甚至指出，媒體市場掀起了《第二人生》的熱潮。隨著使用者增加，《第二人生》的規模也隨之加大，伺服器從原本的 16 台增加到了 3000 多台。

　　當時，玩家們在這個虛擬世界的月支出總額超過了 500 萬美元，每月消費 5000 美元以上的玩家超過 100 名，經濟十分活躍。據說 2010 年左右，如果換算成 GDP，《第二人生》的規模近 5 億美元，由此可知，其相當於一個在全球 GDP 排名中位居 170 名左右的小國家。菲利普・羅斯德當時會在接受媒體採訪時自信滿滿地表示「我們正在創造一個新的國家，而不是遊戲」並不能算是吹噓。

　　在名為《第二人生》的元宇宙中，玩家不但能從事各式各樣的活動，例如交朋友、聊天、享受娛樂、旅行、購物、開會、舉辦研討會、上課、角色扮演，還能就業、買賣房地產，從事各種經濟活動。此外，不僅是虛擬分身、皮膚等道具，玩家還可以親自製作汽車、裝飾品、服裝等產品或蓋房子。無論是透過各種創作活動創造數位資產的創造權，還是親自販售或交換這些東西得到的財產，其所有權都會受到保障。

　　多虧了有這些機制，2004 年一名叫艾琳・格萊福（Ailin Graef）的玩家透過虛擬分身「Anshe Chung」在《第二人生》開發與銷售網路房地產，僅在兩年內就賺進了 100 萬美元。她不僅轟動

全球、被稱為全球第一個「虛擬百萬富翁」（Virtual Millionaire），還掀起了數位淘金熱、讓無數人投身於《第二人生》。

另外一位玩家亞當・菲士比（Adam Frisby）則是成立了一家叫做「Deepthink」的公司，並透過名為「Adam Zaius」的虛擬分身，為其他玩家們實現了想在虛擬世界裡過得與現實世界不一樣的願望。Deepthink 開發並銷售了以海邊、沙漠、山脈、火山等為概念的各種獨特的住宅，不少住宅還是被選為最想居住的地方。在那之後，亞當接連創立了「OpenSim」和「Sinewave.space」，繼續在虛擬世界平台裡工作。

以虛擬分身「Aimee Weber」活動的玩家艾莉莎・拉洛許（Alisa La Roche）以 B2B 形式提供了 IBM、NBC、American Apparel 等公司虛擬網站架設和虛擬世界活動諮詢服務，並收取了鉅額的諮詢費。

而盧本・斯泰格（Reuben Steiger）則設立了名為「Millions of Us」的公司，幫助豐田汽車、英特爾、微軟、可口可樂、通用汽車等數間企業進駐《第二人生》，並透過提供促銷或行銷活動諮詢服務，賺得了數百萬美元。

當時菲利普・羅斯德曾四處宣稱「《第二人生》是創造未來

財富的平台」。實際上，不僅是個人，就連各大企業都為了抓住新的機會而湧入了《第二人生》。其中，最積極的 IBM 創建了一個島嶼，讓西爾斯百貨公司（現已破產）和電子產品購物中心 Circuit City 進駐。IBM 還在私人島嶼上架設了會議網站，與中國 IBM 的 7000 名員工一起舉行了虛擬會議。

巴西南美航空是全球第一個在《第二人生》裡設立了分公司的企業，其還在線上推出了虛擬環遊世界商品，讓玩家能環遊其開通航線的 48 個城市。

全球多媒體新聞通訊社路透社親自設立了一家叫「Reuters Atrium」的虛擬新聞室，由記者亞當·帕斯克（Adam Pasick）專門採訪在《第二人生》裡發生的各種事。

索尼博德曼音樂則開放了「Sony Media Music Island」，讓訪問這個島嶼的虛擬分身能欣賞音樂家們的音樂、觀賞藝術家們的 MV。BBC 也買下了一座島嶼，每年在這舉行「One Big Weekend Rock Concert」，試著讓玩家能與喜歡的藝術家的虛擬分身見面，打造一個能讓觀眾即時享受串流演唱會的舞台。

思科開設了教育訓練中心，豐田汽車則是利用虛擬汽車 Scion XB，進行了讓買家能體驗訂製汽車的行銷活動。[3]

不只是企業，政治界也對虛擬世界產生了高度的興趣。2007 年，希拉蕊·柯林頓就在《第二人生》裡展開了競選，虛擬空間裡一度氣氛火熱。有傳聞稱當年希拉蕊的競選團隊曾事先透過問卷調查，從《模擬城市》、《第二人生》、《模擬市民》這三個平台中

選出了最合適競選的場所，而該調查結果就是《第二人生》。當時
韓國的李明博競選團隊也在《第二人生》裡設立了競選場地和宣傳
館，進行了大規模的競選宣傳。可見這股熱潮當時席捲了全世界。

資料來源：nwn.blogs.com（左）；sisajournal.com（右）[2]

　　《第二人生》裡大部分的東西都是由玩家做出來的，而且
有相當多東西獨特又令人感到驚豔。據說以虛擬分身「Robbie
Dingo」活動的一名英國作曲家製作了 50 幾個真的可以演奏的樂
器，有幾個還被用於美國歌手蘇珊娜・薇佳（Suzanne Vega）在虛
擬世界舉辦的演唱會中。其中，價值 3000 林登幣的「Hyperflute」
是一種可以吹出一個個音、即時演奏的樂器，其甚至被稱讚以虛擬
世界裡的樂器來說相當驚人地動聽。

　　還有虛擬分身名為「Siggy Romulus」的玩家曾深深迷上「水」，
這段時期他開發了一個可以在《第二人生》的大海和湖泊裡游泳、
要價 400 林登幣的「Swimmer」。他利用腳本開發出了各種游泳方
式，僅在一年內就賣出了 2 萬個 Swimmer。後來他順勢蓋了一座海
岸公園「WaterWorks」。再看看當時在《第二人生》裡建造的大運

河體驗館，就能知道沒什麼事情是我們想像不到的。

　　因為有這種強力的激勵機制賦予玩家創造權和所有權，無論是感覺只會在漫畫中出現的天空之城、海邊的華麗別墅、有巨大舞廳的超豪華住宅或有迷宮的祕密住宅，從與現實世界相似的建築到只存在於想象中的建築全在《第二人生》中被創造了出來。如果購買玩家「Outy Banjo」開發的腳本，還可以叫出雲朵，讓天空下雨、打雷、下雪，因此《第二人生》是一個能讓人類成為神、讓我們開啟第二個人生的世界。

　　當然，在《第二人生》裡也存在著不少問題。在虛擬空間裡，不僅發生了暴力事件，還有要求賦予居民參政權和投票權的駭客進行炸彈恐怖襲擊；與數位作品著作權和抄襲有關的訴訟和糾紛也不斷出現；玩家們在賭場花的錢一天就超過 150 萬美元；無法可管的虛擬世界中存在著違法和逃稅的問題。此外，由於能在數位世界裡做任何事情，遊戲中充斥著兒童不宜的猥褻行徑和內容，並不斷有集體霸凌事件發生。

　　雖然林登實驗室不斷為了讓遊戲能有個健全的環境而做出各種努力，《第二人生》的市民們也自發性參與，但由於《第二人生》裡有眾多人類群聚，遊戲又有匿名性和虛擬性，因此難以完全防止不受控的事發生。這些問題其實並不僅僅是《第二人生》面臨的問題，無論是現有的還是將在今後登場的元宇宙都有可能會遇到這些問題。《第二人生》發現制定相當於基本規範的社會協議自救最為重要，因此制定了《第二人生》的社群原則「行為準則」，並將其

放入了客戶條款，鼓勵市民理解並遵守其內容。

（1）對於一切誹謗或歧視種族、民族、宗教、性別及性別多樣性的行為與表現，實行零容忍原則；（2）禁止欺凌、騷擾或做出有攻擊性的發言或行為；（3）禁止暴力、排擠及有威脅性行為；（4）不侵犯他人的個人空間或私人領域；（5）不允許任何違反內容守則的言行及內容；（6）未經同意，不得公開或分享包含位置資訊在內的他人之個人資訊；（7）禁止做出妨礙他人體驗或威脅社群安全的行為；（8）未經同意，禁止盜用或竊取他人的身分或內容。

元宇宙今後必然會進一步發展，並變成一個有更多人參與的空間和社群。因此，為了能持續發展下去，必須有最基本的原則。

2013 年，菲利普・羅斯德認知到《第二人生》的局限性，為了打造一個基於虛擬實境的元宇宙而離開了《第二人生》，並創辦了 High Fidelity 公司以及同名遊戲。

或許從《潰雪》得到靈感的那一刻起，菲利普的心中就萌生了「要是能戴上 VR 頭戴式裝置進入《第二人生》，那該多有沉浸感、多麼夢幻」的想法。但若想克服局限性、得到想要的性能，就必須使用 Unity 或虛幻引擎（Unreal Engine）等新的 3D 遊戲引擎，移植或重新設計利用開放圖形庫（OpenGL）開發的《第二人生》。菲利普應該就是因為看清了由於存在著各種局限性，他將難以實現這個夢想，才會決定創造一個新的元宇宙。

Second Life: Virtual Worlds Best Practices in Education Conference 2014 - Philip Rosedale

　　《High Fidelity》是一個結合了虛擬實境和區塊鏈的 VR 元宇宙。在這裡，區塊鏈能證明將有助於全面引領數位虛擬經濟發展的所有權與真實性（authenticity）。在《High Fidelity》裡，有基於真人的虛擬分身和加密貨幣「HFC」（High Fidelity Coin），以及各種基於 Oculus Rift 等 VR 的活動，菲利普的夢想正在一步步成真。

　　《High Fidelity》不但舉辦了名為「亡靈節」的節慶活動，2018 年還推出了一個名為「FUTVRE LANDS」的節日，當時一共有 400 多個虛擬分身參加這個 VR 節。在 FUTVRE LANDS，不但有 DJ 開演唱會，玩家們還能跳舞、玩遊戲，與其他虛擬分身玩個痛快。當時還有舉辦演講、聚會等活動，整個節日充滿了與現實世界相似的沉浸感和現實感。

　　這個時期，菲利普的腦中盤旋著幾個需要解決的問題。首

先，透過 VR 裝置進入虛擬空間後，他發現 VR 虛擬空間不像電腦的 2D 平面螢幕，他必須根據每個虛擬分身的位置、距離、方向，做出有空間感的聲音。他還發現，要以當時的 VR 頭顯技術長時間待在社群元宇宙相當不方便，性能也不夠，因此還需要好幾年的時間，有許多現實層面的難題正等著他。此外，要構築一個巨大的世界，就要有性能比《第二人生》更強大的伺服器和超大容量的雲端。

為了實現自己的第一個夢想，菲利普需要更多的時間。為了能專注開發當前最需要的核心技術，菲利普於 2019 年果斷決定轉換事業方向，從 VR 元宇宙開發商轉型成了做 3D 空間音效的專業初創企業。雖然菲利普的夢想仍處於現在進行式，但現在的他決定暫時從自己創造的元宇宙跳出來，好好觀察這個世界。④

諷刺的是，菲利普離開《第二人生》後，林登實驗室也做了一樣的挑戰，其企劃並開發了基於虛擬實境的《Sansar》。2014 年，

林登實驗室將《Sansar》的概念定為「繼《第二人生》的新一代虛擬世界」著手進行開發，並在 2017 年發布了測試版。其還與唱片公司 Monstercat 簽訂了合作伙伴協議，嘗試經營基於 VR 的直播娛樂事業。但是，2020 年全球新冠大流行讓這一切產生了變數。

　　後來，隨著越來越多人登錄因林登實驗室忙著開發《Sansar》而被遺忘的《第二人生》，玩家們的活動增加，其銷售額再次開始增長。新冠大流行引起了對非接觸式服務的需求和想隨心所欲旅遊的需求，而這些需求湧入了《第二人生》。此外，全球再次掀起元宇宙熱潮，人們的目光當然就先落到了始祖《第二人生》上。看到 70 ～ 90 萬名玩家帶來了高達 500 萬美元左右的銷售額，林登實驗室再次注意到了這款被自己打入冷宮的遊戲，最後在 2020 年決定暫時保留《Sansar》的開發和營運，專注於開發《第二人生》。

　　雖然再次受關注，《第二人生》依然存在著局限性和問題。《第二人生》應該會改善幾個不足之處和部分功能，繼續提供服務，但如果想發展成嶄新的元宇宙並提供更好的體驗，那《第二人生》應該要找出真正的問題癥結點。

（1）未提供玩家有系統且直觀的使用者經驗

　　《第二人生》是一個從一開始就賦予玩家 100％自由度的開放世界元宇宙，而且不會有系統地提供玩家任何資訊。玩家上線後都會在介面複雜、資訊不足、缺乏指引的情況下，也就是在不知道要做什麼的情況下開始玩遊戲。《第二人生》沒有賦予玩家任何目標

或任務。由於遊戲本身相當地自由，因此我們可以把「想做什麼就盡情做什麼」當作是這個遊戲的任務。但是，大部分玩家都不會想在一個陌生又不親切的世界裡久留，也因為如此，《第二人生》裡現在大多只剩下硬核玩家。

儘管《第二人生》的介面複雜，但由於自訂自由度高、可以做的事很多，因此玩家可以製作各種道具、蓋房子、建立村莊。對大多數的一般玩家來說，這點正是這款遊戲難以上手的最大原因。不過，明明選單多到數不清、功能難以理解、選單標題小得跟螞蟻一樣、鍵盤難以操作，《第二人生》的玩家卻超過了 1000 萬，這幾乎可以說是奇蹟，也意味著當時全世界人的注意力都集中到了《第二人生》。

在元宇宙裡，應該要有各種類型的使用者，這是元宇宙的本質屬性。從設計元宇宙世界的人，在元宇宙裡製作內容或道具的人，把大家聚在一起、建立社群、舉辦活動的人，喜歡探索和冒險的人，到喜歡購買並使用其他玩家製作的道具的人；就如同我們生活的世界裡有各式各樣的人一樣，元宇宙也應該如此。此外，元宇宙應該要為不同的使用者開發不同的介面和功能，並提供直觀且具有一致性的使用者經驗，讓整個使用者經驗達到協調。唯有這樣，才會形成一個靈活且可持續發展的生態系統。

比起開發一個對所有人來說都很複雜的介面，不如開發一個對所有人來說都很簡單的介面。如果做不到這點，那最好開發出適合玩家的模式和介面。但《第二人生》發布至今，都沒能解決使用

者經驗和介面的問題。

（2） 缺乏賦予玩家階段性目標意識與動機的系統

　　《第二人生》雖然賦予了玩家 100％的自由度，但並沒有建立一個提供玩家階段性指引或帶給玩家成就感的任務或等級系統。雖然對於已經習慣透過自行探險和學習、為自己設定任務的超重度玩家來說，《第二人生》是個再好不過的遊戲，但對一般玩家來說可不是這樣。這也就是為什麼其他 MMORPG 或模擬遊戲都會賦予玩家特定任務，並讓玩家透過系統性的學習和訓練熟悉遊戲。與這些遊戲相比，《第二人生》在沒有提供任何指引的情況下，就賦予了玩家 100％的自由度，其帶給玩家的動機當然就不高了。

　　能夠展現出人類想成長、想取得成就的本性，是《第二人生》等虛擬世界的優點，但如果沒有精密地設計系統和獎勵機制，就宛如一座沒有登山步道的山。雖然對職業登山家來說值得挑戰，但對初級登山客來說，這無異於是一座無法攀登的山。這也就是為什麼《第二人生》表面上看起來和我們的社會很像，但其實並不一樣。

（3） 完成度低，導致開發出來的世界沉浸度低

　　由於無法利用其電腦性能（包含處理 3D 圖形的 GPU）達到想要的水準，《第二人生》開發出來的虛擬分身和虛擬世界完成度並不高。《第二人生》不但沒能呈現出細節，讓動作看起來流暢自然，也沒能隨著視角和角度的變化，好好呈現出 3D 物件和虛擬人

物，因此玩家無法高度沉浸在遊戲中。

此外，從整體上來看，玩家親自製作的道具和物件出現了越來越大的差異。雖然隨著計算能力逐漸提升，虛擬分身的設定和圖形得到了改善，但由於其他元宇宙已大規模成長，《第二人生》變得難以再次吸引大量玩家。

⑷ 未能將世界擴張到智慧型手機和行動網路

自 iPhone 問世後，這個世界便逐漸擴張到了行動網路世界，許多玩家也都開始改玩手遊。除非會用到大型顯示器的優勢，不然絕大部分的遊戲都迎來了行動顯示器的世界。

但在這個時期，《第二人生》卻忽視了這個變化，錯失了準備和應對的時機。2014 年左右，手遊的市場份額逐漸擴大，而在大型顯示器與小型顯示器構成的兩極化世界裡，不再有《第二人生》的立足之地，全新的元宇宙紛紛登場，原有的遊戲中只有成功應對變化的遊戲存活了下來。

⑸ 在玩家們建立友好關係和社群前就迎來了商業化，導致生態系統遭到破壞

在元宇宙裡，有無使用者之間可持續發展的社群相當重要。Reddit 和 Discord 等服務之所以會成功，就是因為有社群平台在運作，而且社群網路服務具有相當好的社群功能。這本應該是曾代表生活型元宇宙的《第二人生》應具備的重要功能和要素。

　　然而《第二人生》內部並沒有設計能建立與維持社群的功能，因此玩家只能使用外部網站的社群功能，而這使得虛擬世界裡的價值觀難以和現實世界中的社群服務達到一致。在現實世界裡，形成了根據個人認同感和感興趣的事物建立的社群，而非玩家社群，這種結構其實很難促進社群成長與發展。

　　在這種情況下，隨著媒體和企業的關注度飆升，各大企業仍然紛紛搭上趨勢，在《第二人生》裡建立宣傳館、舉辦活動等進行了各種嘗試和投資。《第二人生》看似受到了萬眾的矚目、飛速成長。但人們對一件事的關注度本來就會隨著時間的流逝下降，各大企業和媒體後來也都失去了對《第二人生》的關注。

　　《第二人生》是在幾乎沒有社群守住這個虛擬世界，讓其持續營運下去的情況下，迎來了這個局面，因此走向了衰落，而且這個問題到現在都還沒有得到顯著的改善。雖然《第二人生》再次得到了短暫的關注和人氣，但如果其再不開發內部的玩家社群系統，那終究只會淪為一個只能依賴玩家們的個人創作、只能靠不受社會規範束縛的高自由度營運下去的平台。儘管有這些限制和缺點，我們仍有理由說《第二人生》「依舊是個充滿潛力的元宇宙平台」。2014 年，《第二人生》的市集裡上架了 200 多萬個新道具，《第二人生》裡形成了一個由更多物件構成的世界。也就是說，《第二人生》的市集和虛擬世界裡累積了大規模的數位資產。

　　隨著能賦予數位資產真實性、所有權和稀少性的技術快速發展，《第二人生》今後將有可能再次受到矚目，迎來另一個轉捩點。

如果可以將之前生成的物件結構化成建置組塊（building block），
那就有可能再次擴大其規模。再加上由於基於雲端的人工智慧和
GPU 性能正在迅速發展，以前難以處理的 3D 圖像和動作將會變更
順暢、自然。此外，不僅是呈現細節的能力，處理大容量數據的能
力也不斷地在得到提升。

　　《機器磚塊》和《當個創世神》的成功案例改變了人們對元
宇宙的看法和關注點，在這樣的變化下，《第二人生》有可能會迎
來第二個鼎盛期，因此我們還不能說《第二人生》已澈底失敗。透
過《第二人生》的經驗和試錯取得的技術進步和洞察力，已融入了
眾多元宇宙企業和商業模式中，光是這一點就足以稱《第二人生》
為一大傳奇。

《集合啦！動物森友會》掀起熱潮的原因

　　2020 年新冠大流行，導致人們無法出國旅行或去海外出差。2020 年不僅為全世界帶來了巨大的損失，還為許多人帶來了痛苦和失落感。在這種大環境下有件眾人翹首盼望的事，那就是任天堂 Switch 遊戲《集合啦！動物森友會》的發布。

　　任天堂 Switch 是繼任天堂 DS、任天堂 3DS、任天堂 Wii U 後，任天堂於 2017 年推出的新一款注入了任天堂創新基因的攜帶型遊戲機。任天堂 Switch 不僅借鑑了任天堂 Wii U 的失敗、搭載了改善過的觸控式螢幕，還具備了既是家用遊戲機又是掌上遊戲機的擴展性，而且標榜低價、遊戲種類多元，任天堂 Switch 因此成了僅在 2 年內銷量就超過 3200 萬台的熱門產品。為了紀念於 2001 年首次發布並獲得了廣大人氣的慢活模擬遊戲《動物森友會》迎接 20 週年，任天堂發布了 Switch 版的《集合吧！動物森友會》（簡稱《動森》），任天堂 Switch 也在同一時期發售了《動森》特別設計版的遊戲機。但是，中國工廠的生產及物流作業因新冠疫情出現了差池，而這帶來了生產量嚴重不足的結果。

由於難以入手，任天堂 Switch 引起了人們更多的關注，其緊缺到原售價 40 多萬韓元的遊戲組被人以高出 100 萬韓元的價格售出。長期供貨緊缺，使得任天堂的銷售額隨之劇增。

儘管新冠疫情帶來了艱難時期，2020 年任天堂 Switch 的全球銷量卻達到了 2410 萬台，《動森》則售出了 3118 萬套。

遊戲一開始，玩家會先加入「無人島移居套餐計畫」。為了移居無人島，玩家要先選擇無人島並貸款購買這座島。接著只要購買機票、戴上護照、坐上飛機，就會抵達只屬於自己的小島。在這裡，玩家可以悠然自得地打造自己的島嶼。

《動森》的這種遊戲設定剛好可以滿足人們因為新冠疫情哪也去不了的需求，而且對被忙碌的日常搞得筋疲力盡而需要療癒的人來說，《動森》有著可以讓人緩緩放鬆的魅力，因此自然就獲得了高度的人氣。此外，雖然遊戲自由度高，但各個島上的居民會時不時出現、賦予玩家任務，如果玩家完成任務，系統就會給玩家適度的獎勵，小島也會逐漸變成玩家想要的樣子，玩家將能感到很有成就感與沉浸感。特別是對 Z 世代來說，《動森》不但是一款會為玩家帶來能什麼都不做的自由感和悠哉感，讓玩家深深迷上的遊戲，同時還是一款會讓玩家更認真地去做各種事情、充滿了奇妙魅力的遊戲。

《動森》之所以會大受歡迎，很多原因來自元宇宙這個虛擬世界的重要屬性。首先，玩家可以在打造自己的虛擬分身後前往無人島──一個與現實世界完全隔絕的虛擬世界。雖然遊戲裡的時間

會與現實世界的時間一起流逝，但無人島是一個可以讓玩家擺脫現實世界中所有煩惱和痛苦，平靜度過時光的平行世界。

為了不讓玩家感到孤單，島上一開始會有兩個初始居民，如果之後符合特定條件，就會有其他居民造訪玩家的無人島，因此玩家能適當地與其他人溝通交流。居民偶爾還會請求玩家幫忙做一些事。為了讓玩家能持續享受玩遊戲的樂趣，《動森》賦予了玩家高度的自由，但也在指引與獎勵制度間取得了極佳的平衡。

玩家最多可以邀請八名在現實世界使用網路連線的好友的虛擬分身到自己的小島共度時光，也可以在現實世界使用自己的主機，與身邊的好友在虛擬空間見面、玩耍。由於物理空間裡的玩家們可以進入同一個虛擬空間共享時空，因此會產生特殊的情誼。

到了晚上，商店就會關門，居民們都會上床睡覺。《動森》的獨特之處就是會讓玩家在與現實世界相似的生活模式中享受遊戲。玩家可以捕魚、捉蟲、種樹、摘水果、挖貝殼，從事各種採集活動，也可以擴建房子、製作家具、裝飾村莊，享受五彩繽紛的日常生活。玩家當然也可以什麼都不做。《動森》偶爾會有萬聖節、釣魚比賽等活動，玩家可以參加活動、獲得獎勵。虛擬世界會承接現實世界的時間，現實世界中的玩家和虛擬世界裡的玩家會串聯在一起，無論玩家身處哪個世界，在與現實世界共用一個時間軸的元宇宙中，小島生活將永無止境地持續下去。

《動森》的無人島就跟 Cyworld 的迷你窩一樣，是一個能表現自我的虛擬空間，並且會賦予玩家動機，讓玩家想注入自己的慾

望和希望、用心經營。玩家可以去朋友的島上摘採自己沒有的水果後種在自己的島上，也可以親手製作自己的東西來使用或存放。

玩家們可以在商店購買想要的東西，但這時需要一種叫「鈴錢」（Bell）的貨幣。如果要賺錢，就要像在現實世界一樣工作或製作東西販售，這時會需要用到各種工具。而為了製作工具，就必須先在島上取得配方，才能製作工具。這一連串的過程會為玩家們帶來小小的成就感和目標意識。

多虧了有這樣的高人氣，常常會有現實世界的活動和話題被搬到《動森》裡。實際上，就有情侶在這裡舉行婚禮，時尚品牌Valentino、Marc Jacobs 也曾在這裡展示季節單品。此外，韓國企業LG 電子為了宣傳 OLED，在《動森》設立了電視展示館；拜登總統則在總統競選期間，為了與 Z 世代溝通而在《動森》裡進行了競選活動。像這樣，現實世界和虛擬世界被串聯在一起，《動森》一直維持著高度人氣。從元宇宙的觀點來看，任天堂 Switch 版的《動森》有許多成功的因素和可借鑑之處。

首先，用來連上元宇宙的設備必須要提供一定水準的顯示、圖形、聲音、觸覺體驗和擴張性，以高度的使用性和硬體性能讓使用者享受到沉浸感和樂趣。

這也就是為什麼智慧型手機會為許多元宇宙扮演閘道的角色。如果需要用到專用設備，就應該要提供更高的完整度和最佳的使用性。

資料來源：sedaily.com[3]

《動森》不僅賦予了玩家充分的自由度，還提供了《第二人生》缺乏的激勵與獎勵機制。只要完成任務、經營島嶼，系統就會給予玩家適度的哩數和可以購買道具的鈴錢，激起玩家一直玩下去的動力。由於能設計島上大部分的東西和虛擬分身的服裝，還能透過 DIY 收集、獲取各種道具，《動森》不僅激發了玩家的收集慾望，還賦予了玩家間接體驗新鮮、浪漫的無人島生活的動力。《動森》還設計了極小規模的社群和私人區域，並讓這兩個元宇宙最重要的要素取得了極佳的平衡。此外，《動森》設計了各種精細的 NPC 互動和反應，在遊戲中適度融入了社會化元素，讓玩家能與其他人在自己的私人領域互動。《動森》還讓玩家們能互相訪問彼此的虛擬空間「無人島」進行交流，因此玩家們的島嶼會相互連結，進而形成個性化的小社群。

　　雖然《動森》不像其他虛擬世界平台有大量的玩家進行大規模的互動，但元宇宙本來就可以是有各種不同設定和風格的虛擬世界，而且可以根據需求相互連結。從這個角度來看，《動森》就宛如一個露營區，能讓玩家脫離忙碌冰冷的現實生活，悠閒自在地度過幸福時光。

《精靈寶可夢GO》的誕生與新的社會現象

　　2017 年 1 月，韓國突然有許多人搭上了開往束草襄陽的巴士。明明就不是週末，巴士裡卻坐滿了人，而這些人在束草襄陽下車後，一邊看著智慧型手機一邊開始奔向某個地方。這是發生在韓國的小插曲，還上過新聞。原來，當時有許多人是為了抓寶可夢而跑去了束草襄陽。而會有這個小插曲，是因為誕生於 1996 年的動畫《精靈寶可夢》在 2016 年迎接 20 週年時，推出了擴增實境遊戲《精靈寶可夢 GO》。雖然韓國當時還沒有正式發布，但因為開發商 Niantic Lab 設定的 GPS 服務地圖上有束草、襄陽、鬱陵島，因此傳出了寶可夢會出現在那些地區的傳言，而許多韓國人一到聽這個傳言，便一窩蜂地奔向了束草。

　　當時，全世界只要是有發布《精靈寶可夢 GO》的地區、只要是有寶可夢會出現的地方，都湧入了大批人群，所有人都為了再多抓一隻寶可夢而一窩蜂地四處奔走，這種現象規模大又頻繁到被稱為「《精靈寶可夢 GO》現象」。當稀有寶可夢水精靈出現在紐約中央公園時，大批人潮湧入了那一帶，交通癱瘓了一整天。有學

生為了捕捉寶貝夢而從懸崖上墜落，有小孩突然衝到馬路上，有人跑到洞穴裡結果迷路，也有人不小心闖入私有土地，諸如此類的事頻頻發生。海外新聞版甚至每天都能看到有人開車開到一半，為了捕捉突然出現的寶可夢而發生交通事故的消息。

隨著 iPhone 等智慧型手機普及，AR 遊戲開始出現了。這些 AR 遊戲的開發原理是基於 GPS，讓特定座標發生特定事件，並連動相機，讓螢幕中跳出虛擬道具或任務視窗。初期有許多開發商推出了基於 AR 的導航和採集蝴蝶、昆蟲的 App，也有開發商開發出基於標記跳出 3D 視窗、動畫等的各種服務。

雖然大部分的服務都帶給了使用者小小的樂趣和新鮮感，但都沒有造成太大的話題。儘管如此，隨著智慧型手機的硬體和感測器技術不斷發展，App 開發商們正在開發各種基於擴增實境、有用的 App。IKEA 就推出了可以利用相機，在家裡試擺家具的 3D 模型，事先確認產品的尺寸、顏色和外觀的 App「IKEA Place」；iPhone 則開發出了不需要捲尺就能測量長度的 App。

《精靈寶可夢 GO》的原理也與其他擴增實境 App 類似，其利用 Google 地圖上的道路和建築物數據，設定了遊戲中的 post 和 event point，並基於玩家的即時 GPS 座標運作。只要打開相機環顧四周，就會看到有寶可夢出現在路上或建築物前，玩家必須扔出精靈球捕捉寶可夢。寶可夢的等級越高，捕捉難度就越高，稀有寶可夢還得到特定場所才抓得到，這也是讓玩家們狂熱的一大重點。為了捕捉等級更高的寶可夢，還有不少人跑去道館鍛鍊或購買更好的

道具，寶可夢人氣不斷高漲。

　　《精靈寶可夢 GO》發布不到 18 天，美國的一名玩家尼克‧強森（Nick Johnson）就收集完了能在美國捕捉到的 142 種寶可夢，並且上了全球各地的新聞。他在接受採訪時表示，自己從小就夢想成為寶可夢大師，而且自己正計劃前往澳洲、歐洲、亞洲，尋找其他大陸才有的剩下的三隻寶可夢。跨國飯店企業萬豪酒店得知這個消息後，便主動聯絡尼克表示願意提供贊助，旅遊預訂網站 Expedia 也表示願意贊助尼克。就這樣，一場由萬豪酒店提供住宿、由 Expedia 贊助全程旅費的「寶可夢遠征」就此啟程。

　　從法國巴黎出發，到香港、雪梨、東京，尼克一邊在這 12 天四處捕捉寶可夢，一邊透過社群媒體公開了這趟旅程。他曾在登機時間前 30 分鐘才勉強抓到寶可夢，也有許多粉絲即時分享資訊，一起展開了宛如 007 間諜大作戰的追逐。這趟旅程並不輕鬆，尼克在千辛萬苦下才抓到了剩下的三隻寶可夢，成為了收集完 145 隻寶可夢的寶可夢大師。當尼克到達最後一個目的地東京時，剛好正在舉辦寶可夢慶典，他與許多裝扮成寶可夢的人拍照，並將照片上傳到了社群媒體，結束了這趟旅程。《精靈寶可夢 GO》是第一款引起了全球熱潮的 AR 類遊戲，它讓許多人體驗到現實世界也可以成為元宇宙。

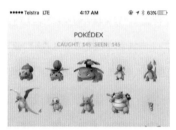

資料來源：businessinsider.com[4]

　　開發《精靈寶可夢 GO》的 Niantic Lab 是約翰・漢克（John Hanke）在 Google 內部創立的初創企業。一開始約翰・漢克創立了一間叫「Keyhole」的公司，並將整個地球製作成了 3D 模型，開發了一個能讓使用者飛到世界各地的立體地圖。2004 年 Google 收購了 Keyhole，這個地圖後來變成了現在的 Google 地球。約翰・漢克原先是在 Google 內部負責 GIS 相關服務，之後開發了一款後來成為《精靈寶可夢 GO》原型的 AR 遊戲《Ingress》。2015 年，Niantic Lab 從 Google 獨立了出來。《Ingress》雖然沒有取得全球性的巨大成功，但因為有不少狂熱粉絲而累積了大量數據。日後 Niantic Lab 基於這些數據開發出了《精靈寶可夢 GO》，而這款遊戲一推出，就引起了巨大的反響和關注。

　　當時，韓國因為有關於 Google 地圖伺服器的議題，而未能同時發布《精靈寶可夢 GO》，直到 2017 年，Niantic Lab 才在韓國發布了使用開放街圖（Open Street Map，簡稱 OSM）的版本。雖然沒有像首發時那樣造成轟動，但至今仍有許多狂熱玩家還在玩這款遊戲。在新冠大流行後，光 2020 年的銷售額就超過了 10 億美元，

創下史上最高成績。

　　《精靈寶可夢 GO》人氣火爆到隨處皆可見到相關產品和服務。市面上不但出現了會通知使用者有寶可夢出現的穿戴式設備「Pokémon GO Plus」，還出現了會飛到玩家無法走到的地方、幫忙遠距捕獲寶可夢的無人機。由於玩家必須一整天都邊走邊拿著手機玩遊戲，因此出現了電池容量和攜帶性皆經過改善的《精靈寶可夢 GO》專用電池組，以及許多第三方製造的相關產品。

　　線下行銷更是受到了歡迎，當時韓國的某家連鎖便利商店將店裡打造成補給站或道館吸引人們來訓練，並藉此提高了銷售額。當時也有許多與《精靈寶可夢 GO》裡的特別活動連動的案例。Niantic Lab 還為了支援因新冠疫情而遭受損失的小企業家，啟動了「在地商家振興」（Local Business Recovery）計畫。為了幫助小企業家，這個在現實世界中發起的活動將銷售額減少的店面設定成了補給站或道館。

　　《精靈寶可夢 GO》之所以能如此大獲成功，是因為：

　　（1）從 1996 年開始就深受喜愛、被播放過無數次、人們再熟悉不過的寶可夢出現在現實世界，而且玩家能像動畫中那樣，變成主角養成寶可夢、展開戰鬥，並成為寶可夢大師。也就是說，擴增實境以人們所熟悉的、內容扎實的故事為基礎，發揮了其最大的優點。

　　（2）《精靈寶可夢 GO》透過前一款遊戲《Ingress》得到了扎實的 GIS 數據。在開發 AR 服務時，如何讓現實世界的情境數據

與地圖數據、座標數據完美連動是最難解決的難題。

　　一開始在什麼都沒有的情況下，準確度當然低，也很難與現實世界進行映射。但在提升《精靈寶可夢 GO》的遊戲完成度時，《Ingress》忠誠玩家的龐大數據成了很大的助力。這對其他基於擴增實境的服務來說可是一大進入門檻。

　　（3）《精靈寶可夢 GO》在細膩的故事之上，透過元宇宙反映了人類「想擁有某個東西」的慾望，並與現實世界做了高度連結。《精靈寶可夢 GO》在設計系統時，完美反映了人類想在競爭和養成的過程中成長的慾望，並高度滿足了人們想探險、收集的需求，因此其值得被視為 AR 遊戲的範例。針對如何賦予玩家動機、給予玩家獎勵，是什麼讓玩家覺得感到滿足、有趣，為什麼玩家會願意長時間、持續上線玩遊戲等問題，《精靈寶可夢 GO》都有做出回應。

最近與微軟 HoloLens 團隊的工程師亞歷克斯・基普曼（Alex Kipman）一起現身於微軟 Ignite 2021 大會的約翰・漢克表示，Niantic Lab 正在開發基於 HoloLens 2 等 MR 頭戴式裝置、而非基於智慧型手機的新一代《精靈寶可夢 GO》。有別於過去的單人模式，玩家們將能合作玩遊戲或一起完成更高難度的任務，一對一戰鬥時也會更有沉浸感、感覺更逼真。Niantic Lab 這麼做，即是試著把元宇宙的介面兼界限從小螢幕轉換成圍繞著我們的現實世界，筆者相當期待《精靈寶可夢 GO》未來究竟會展現出何種面貌。

09

比宇宙還廣闊的世界

　　理論上，元宇宙可以是一個無限大的空間。雖然我們也可以說網路空間是一個無限大的空間，但如果想套用「大小」這個概念，套用在構築於網路上的新世界「元宇宙」上會比較合適。實際上，現有的元宇宙都被做成了有限的大小。雖然從「創造元宇宙」這個觀點來看，人類足以被稱為神，但我們實際上無法做出無限大的元宇宙。絕大部分的元宇宙都是根據電腦的計算能力，在可以設計的範圍內創造出來的有限的世界觀。不然就是像遊戲《無人深空》一樣，先繪製出一個銀河大的地圖，並設定如果不斷向外飛行，星系就會膨脹成銀河的數百萬倍，並且可以無限膨脹。儘管目前存在著這些局限性，基於宇宙這個概念創造出來的虛擬世界中，規模最大的是遊戲《星戰前夜》的世界。

　　《星戰前夜》是一款由冰島的遊戲開發商 CCP 以「宇宙是你的」（The Universe is yours）為口號開發的 MMORPG，其背景設定是「在外太空展開大航海時代」。《星戰前夜》於 2003 年發行，其 2007 年的銷售額占冰島所有軟體銷售額的 40%，是款相當有份

量的遊戲。令人驚訝的是，2018 年，以遊戲《黑色沙漠》聞名的韓國遊戲開發商珍艾碧絲（Pearl Abyss）約以 2500 億韓元收購了 CCP 公司 100％的股權，而這兩家公司分別在亞洲市場和歐美市場具備的競爭力正在產生綜效。

這款遊戲最大的特點就是只有靠一台叫「寧靜」（Tranquility）的伺服器運行。一般來說，就連同時連線人數達到 10 萬名的遊戲都會架設多台伺服器，每台只讓數百名玩家連線，因此大部分的遊戲都會用到數千台伺服器，以避免有伺服器超出負荷。但據說《星戰前夜》僅靠一台伺服器，就讓 3 ～ 5 萬名玩家同時連線，還能讓所有玩家在同一個空間玩遊戲。

《星戰前夜》是現有元宇宙虛擬世界中規模最大的世界，其主空間 K-Space 由 5404 個星系組成，大小為 78.34×15.09×95.64 光年（1 光年 = 9,460,730,472,580.8k，約 9 兆 4600 億公里），世界觀近乎無限大。除了 K-Space，還有由 2700 個能透過蟲洞移動的星系組成的「Anoikis」和「J-Space」，其規模高達 628×325×2012 光年。由於《星戰前夜》的規模單位有別於普通的虛擬世界遊戲，因此開發局限性當然較小，但光是開發出了如此龐大的世界觀這一點，就足以令人驚嘆。

《星戰前夜》裡的時間就和其他宇宙一樣流逝速度飛快，虛擬世界裡的一個月等同於現實世界裡的一年。雖然《星戰前夜》以科幻遊戲為由，無視了光速與相對性原理等科學理論，允許玩家們能即時溝通，但在數位元宇宙裡，我們本來就不會受到現有物理法

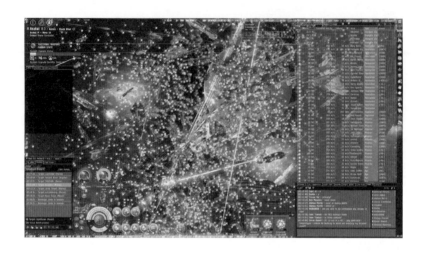

則的束縛，因此並沒有什麼太大的問題。

　　《星戰前夜》雖然是款遊戲，但它不但與現實世界相似，還完美具備了元宇宙的屬性。玩家可以在外太空採購需要的材料，親自製作道具。玩家做出來的道具大小和用途各不相同，如果想移動到別處販售道具，就必須搭運輸艦，因此《星戰前夜》裡出現了專門負責運輸的公司。遊戲中還有保護玩家避免被海盜攻擊的保全公司。吉他（JITA）星系裡有《星戰前夜》最大的貿易站，會有2000多名玩家同時上線、買賣道具。

　　《星戰前夜》有它自己的貨幣系統「ISK」（Interstellar Kredit）。若換算成現實世界的時間，其已運行了二十幾年；若以其自帶的時間系統為基準，則已運行了220多年。截至2016年，《星戰前夜》的道具生產總規模為 3.5 兆 ISK ／日、資產價值高達 3000

兆 ISK、流通規模則達 974 兆 ISK，形成了一個規模龐大的虛擬經濟。不過，為了遊戲的可持續性，《星戰前夜》規定把數位資產兌換成現金屬於非法行為，並嚴格禁止這種兌現行為。

為什麼《星戰前夜》能如此穩定地持續營運下去？這是因為其內部有多名掌管相關事務的經濟學家持續介入、調整貨幣政策、定期發布經濟報告，並為了能持續營運而不斷進行溝通。此外，遊戲中還有能讓玩家們參與、共同做出決策的委員會。

《星戰前夜》並沒有像一般科幻電影，將遊戲背景設定成有聯邦政府、由最高決策機構統治世界，而是將「一切交給玩家自行選擇、決定」作為基本規範，盡可能不介入遊戲。玩家可以自行決定要從事哪些活動，包括探索、開發、生產、獲取資源、打仗、進行貿易。此外，由於詐騙、海盜也是遊戲的一部分，因此就算發生相關事件，也必須由玩家自己去處理。

《星戰前夜》是一個從「地球是否裝得下宇宙？」這個想像為出發點，令人驚豔的元宇宙。其玩法非常複雜又沒有指引或說明，因此對新手來說進入門檻相當地高，而且《星戰前夜》不像科幻電影或射擊遊戲劇情激烈、有速度感。不過，儘管遊戲展開速度緩慢、敘事複雜，《星戰前夜》裡確實有個世界在運行；此外，儘管有其局限性，但在那個世界裡不斷有各種事情在發生。《星戰前夜》是一個朋友、同盟、其他人與競爭對手共存的世界。雖然《星戰前夜》的物理規模很小，但在虛擬世界裡，它是一個規模最大的元宇宙。

10

《當個創世神》和《機器磚塊》

　　在元宇宙時代，最受歡迎的遊戲是《當個創世神》和《機器磚塊》。這兩款遊戲是包含小學生在內的十幾歲孩子們最喜歡的遊戲，也是活在一切都在元宇宙化的時代的「C 世代」（Generation Corona）使用時間占比最大的虛擬世界平台。這兩款遊戲的共同點是它們都是沙盒遊戲，可以用長得像積木的小方塊做出任何想做的東西。因為有許多相似之處，這兩款遊戲成了元宇宙時代最受矚目的新星。

　　《當個創世神》是 2009 年一名叫馬庫斯・佩爾松（Markus Persson）的瑞典人作為個人興趣開發出來的一款開放世界遊戲，玩家可以在用小方塊創造出來的世界裡做任何事情，像是狩獵、採集、種田、蓋房子、探險等。2011 年，馬庫斯在正式發布這款遊戲時創立了一家叫 Mojang 的公司。隨著玩家不斷增加，Mojang 開始飛速成長，並引起了當時正在將一切都轉換成以雲端為主的微軟的注意。2014 年，微軟以 25 億美元的高價收購了 Mojang。雖然創始人因為種種問題和爭議離開了 Mojang，但在微軟的全面投資下，

《當個創世神》終於不再受到 Java 版本的限制。其新開發了基岩版，將遊戲移植到了 PC、遊戲機、智慧型手機等各種裝置，《當個創世神》從這個時候開始如火如荼地成長了起來。

2020 年，《當個創世神》在新冠大流行下取得了更大的發展，其累計銷量突破 2 億，成了全球最暢銷的單一版本的遊戲。現在也有 1 億 2000 多萬名玩家在玩這款遊戲，而且無時無刻都有 2000 多名玩家連線、一邊玩這款遊戲一邊打造自己的世界。

《當個創世神》根據結構分成主世界（Overworld）、地獄（Nether）、終界（End）這三個維度。這三個各自獨立的維度有自己的生態系統和環境，玩家可以透過傳送門移動，享受各種體驗。

主世界（Overworld）是遊戲一開始玩家所在的維度，這裡有太陽和月亮，有白天和黑夜，天氣和氣候會改變。其基於大自然，環境與我們居住的世界最相似。地獄（Nether）是一個透過洞穴連結、有熔岩流動的地下世界。終界（End）則是一個由飄浮在空中的多個島嶼構成的維度，沒有白天、沒有夜晚，也沒有天氣變化，被稱為終末之界。最新版本的《當個創世神》是一個總面積為 60,000×60,000 ＝ 36 億平方公里的地圖，地球的表面積為 5 億 1010 萬平方公里，因此《當個創世神》這個虛擬世界比地球大了 7 ～ 8 倍。

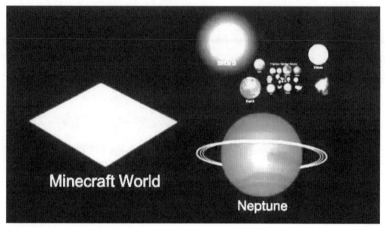

資料來源：minecraft.fandom.com[5]

　　雖然《當個創世神》是遊戲，但看到孩子們樂在其中，又會基於創造力和自主性製作東西，教師們大受鼓舞，開始將其用於教育。越來越多教師試著親自製作教學內容，讓學生們上相關實習課，或將課程遊戲化（Gamification）。在教育相關研討會上，教師們發表了各種案例，家長們也認可了其正面效果，甚至開始向Mojang提出更多要求或提議新增其他功能。就這樣，《當個創世神》於2016年正式發布了教育版。

　　初期版本發布時，約有100個國家的500多所學校參與，《當個創世神》被用於25萬多名學生的教育，可見其影響力超乎想像。其中，「水中探險之旅」（Voyage Aquatic）就提供將編程作業減至最少的低程式碼開發（Low Coding）課程，學生可以透過編寫程式探索海洋世界、觀察海洋生物、體驗水域生態系統。《當個創世神》

　　教育版透過各式各樣的內容，在科學、歷史、數學、藝術、編碼領域發揮了其價值，並證明了比起讓學生們競爭、比起以寫死的知識為中心授課，讓學生們一起玩耍、互相合作、自由發揮創意和想像力，反而能得到更好的學習效果。

　　有許多現實世界裡的東西就像是在反映這種現象般，被搬進了《當個創世神》裡。世界展望會建造了一個自給自足的線上村落，讓玩家們能體驗非洲兒童的生活；韓國的仁川廣域市則以名為「Incheon Craft」的概念打造了一個宣傳中心。由於新冠疫情導致學校無法在校園舉行畢業典禮，美國的加州州立大學、佛羅里達州立大學和普林斯頓大學的學生們在虛擬空間裡舉行了畢業典禮。加利福尼亞大學的學生們則將整個校園原封不動地搬進了《當個創世

神》。在現實世界中，不但出現了將《當個創世神》當作題材的小說和漫畫，還有人將其搬上了大銀幕。樂高甚至反過來把將自己當作原型開發出來的《當個創世神》作為產品概念，推出了《當個創世神》版本的樂高。

　　韓國的青瓦台也因為新冠疫情，而變得無法舉辦一年一度的兒童節活動，於是有人提出了非接觸式方案，提議在深受許多孩子們喜歡的《當個創世神》裡舉辦活動。30 多名開發人員花了一週的時間開發出青瓦台的地圖，並邀請了孩子們。在《當個創世神》的青瓦台地圖裡，不但有軍樂隊的表演可以看，孩子們還能參觀內部、盡情地跑跳玩耍。此外，進場不需要預約，內部沒有複雜又森嚴的安檢，人們也不需要戴口罩。

　　為了紀念《當個創世神》發布十週年，Mojan 曾經在 2019 年 11 月推出充分應用元宇宙的優點、AR 版本的《當個創世神：地球》，玩家可以在現實世界一邊四處走動，一邊收集各種道具、製作物品、邀請好友一起冒險等，遊戲設定跟原本的《當個創世神》相似。玩家可以開啟建築模式，在自己所在的物理空間召喚或製作

《當個創世神》裡的世界。

　　只可惜隨著新冠疫情走向長期化，各國實施起了保持社交距離措施，必須在室外玩的《當個創世神：地球》不可避免地受到了影響。除了新玩家的增長趨勢放緩之外，由於沒有及時採取能讓玩家在室內或在不移動的情況下也能享受遊戲的措施，就連老玩家們也因為感受不到樂趣而紛紛離去，Mojang 不得不正式宣布從 2021年 7 月起下架此遊戲。

　　然而，這只是導致其終止營運的部分原因，《當個創世神：地球》下架的最根本原因在於其有不少難以讓玩家沉浸於遊戲並感受到樂趣的問題。《當個創世神：地球》不僅有更多的限制、製作和使用上有延遲的問題，玩家還無法使用資源包和著色器。此外，由於收集到的道具既不稀有又不實用，玩家們對獎勵的滿意度其實並不高。

　　除此之外，由於只有高規格的最新行動裝置才能正常支援擴增實境，裝置規格較低的玩家打從一開始就無法好好玩這款遊戲。而登錄時必須要用微軟帳號這點，對玩家們來說也是一大負擔。不過，其實《當個創世神：地球》會下架，最大的原因應該是因為其世界觀完全沒有與《當個創世神》連動。雖然開發起來相當不容易，但如果玩家可以瞬間移動到自己已經在《當個創世神》裡創造出來的世界或可以反向操作，並且能夠在原本就在玩的《當個創世神》中販售與使用在《當個創世神：地球》收集到的道具，那《當個創世神：地球》說不定就可以躋身為最強悍的一款遊戲。

　　那麼，《當個創世神》多年來受到玩家的喜愛並成長的原因是什麼？是什麼讓玩家們如此狂熱、覺得有趣？雖然這不是成功的絕對公式，但我們有必要了解是什麼造就了今日的《當個創世神》。

　　（1）首先，有別於《當個創世神：地球》，《當個創世神》支援各種不同機型的裝置。由於遊戲圖形單調、解析度不高，就算是低規格的裝置也能暢通無阻地玩這款遊戲，而且就算顯示器解析度不高也完全沒有問題。從 Windows、Mac、Linux 電腦，3DS、Wii U、Switch、PlayStation3‧4、Xbox 等遊戲主機，到 Apple TV、Amazon Fire TV 等智慧型電視終端，只要是能連上網路且可以連動顯示器的設備，《當個創世神》幾乎都有支援。

　　《當個創世神》雖然有開發過 VR 頭顯 Oculus Rift 版本，但因為後來 Facebook 收購 Oculus、中斷支援，現在無法再用 Oculus Rift 玩這款遊戲。不過玩家可以用 HTC Vive 的 Vivecraft 或 Steam VR 享受這款遊戲。此外，《當個創世神》不但可以在低規格的開源軟體樹莓派運行，還可以用安卓、Windows Mobile、iOS 等的行動裝置開啟，因此無論是誰都能玩《當個創世神》這款遊戲。

　　（2）提供了容易操作、簡單直觀的使用者經驗。雖然自由度與《第二人生》和《星戰前夜》這種虛擬世界差不多，但使用者經驗相對簡易。

　　（3）作為沙盒開放世界遊戲的始祖，《當個創世神》的自由度很高，但它又會持續且階段性地賦予玩家目標，並會在玩家執行目標的過程中，在各個方面賦予玩家選擇權和自主權，因此玩家比

較不會失去目標、不曉得該做什麼，或失去興致。

（4）玩家可以用方塊創造出任何東西，也可利用模組、著色器、資源包等實現客製化和個人化。玩家還可以改善像素和體素較差的人物和道具的圖形，或將其設計成各種樣子，因此玩家可以沉浸在發揮無限想像力、創造世界的無窮樂趣中。

（5）有許多積極又充滿熱情的使用者社群。不僅是玩家，支持這款遊戲的教師和家長們也建立了各種社群。這些社群正是讓玩家們持續交換資訊、進行各種嘗試的動力。社群成員們會在 Discord 交流意見、分享經驗、與其他玩家聊天，與虛擬世界相連的數位社群正在維繫著使用者們之間的關係。此外，有不少玩家會在 YouTube 或 Twitch 分享製作經驗、攻略祕訣、製作工具的方法或介紹小遊戲，《當個創世神》的資訊正透過許多淺顯易懂又有趣的影片不斷被分享、傳播。

深受韓國小學生喜愛的 Yang Dding 和 DDotty 正是以《當個創世神》的內容獲得了名氣，而訂閱人數超過 1 億名的 YouTuber PewDiePie 也很熱衷《當個創世神》。

與《當個創世神》共同稱霸元宇宙的另一款遊戲是《機器磚塊》。2021 年 3 月，《機器磚塊》以 388 億美元在紐約證券交易所掛牌上市，其總市值甚至超過以《模擬市民》和《戰地風雲》聞名、全球最大遊戲商美商藝電（EA）。2004 年，在史丹佛大學主修電腦科學的大衛‧巴斯佐茲基（David Baszucki）創立了 Roblox 公司。2006 年，Roblox 公司首度發布了 PC 版的《機器磚塊》。

　　遊戲發布初期，由於圖像處理能力不足，又未受到太多的關注，玩家寥寥無幾，Roblox 公司不得不度過一段無收入可言的艱難時期。但在其建立了多平台策略，並於 2012 年推出行動版本後，情況發生了 180 度的大轉變。隨著智慧型手機的時代到來，玩家開始劇增，再加上使用 Roblox Studio、以無程式碼開發（No Coding）方式製作遊戲的創作者增加，逐漸出現了飛輪效應。

　　因為有創作者製作越來越多的遊戲，好玩的遊戲也跟著增加，玩家自然也變得越來越多，玩家們的好友們也開始玩起了《機器磚塊》，最終形成了一個玩家們能夠享受到更有趣的體驗的良性循環，《機器磚塊》的生態系統開始茁壯成長。2015 年，《機器磚塊》發布了 Xbox 主機版本。2016 年，其每月玩家人數達到了 6400 萬，終於超越了每月玩家人數達 5500 萬的《當個創世神》。當時有 200 萬名開發人員製作了 2900 多萬個遊戲。

　　隨著《Roblox High School》、《Working in Pizza Place》等人氣遊戲變多，Roblox 公司將業務範圍拓展到了製作與銷售角色商品的 IP 事業及內容事業。《機器磚塊》自帶一個名為「Robux」的貨幣系統，由於創作者可以透過販售遊戲和虛擬分身來賺取收入（分別收取 70％與 30％的 Robux 當作手續費），開發人員生態系統因此得到了迅速成長。據說《機器磚塊》裡目前共有 800 萬名開發人員，這些開發人員製作的遊戲則高達 5000 萬個。雖然品質較低的遊戲和簡單的遊戲也都有被算進去，但這正代表利用 Roblox Studio 開發遊戲並不困難、進入門檻低。

雖然《當個創世神》也會以「Minecoin」支付玩家創作並放在市集（marketplace）上販售的套件、地圖、迷你遊戲等內容，但在《機器磚塊》，只要收入達到 10 萬 Robux（現在相當於 350 美元），就可以透過「開發人員兌現」（Developer Exchange，簡稱 DevEx），將賺得的 Robux 換成現金。也就是說，《機器磚塊》有一個能實際創造收益的強勁獎勵機制。因為有這個獎勵機制，目前一共有 127 萬名開發人員平均收入達到 1000 美元，排名前 300 的開發人員的平均收入則高達 10 萬美元。據說 2007 年，甚至有開發人員賺進 300 萬美元，創下了最高紀錄。

2020 年，Roblox 收購了一家叫 Loom.ai 的初創企業，只要提供一張照片，Loom.ai 就會利用深度學習技術生成一個逼真的 3D 虛擬分身。Roblox 還在占全球行動遊戲市場份額 41％的中國取得了遊戲牌照。與此同時，Roblox 還與騰訊共同設立了 Roblox China，正在強力進軍中國市場，因此不久之後，應該會有規模更龐大的中國玩家加入《機器磚塊》的生態系統。

目前有 3300 萬名玩家每天都在玩《機器磚塊》，其月活躍用戶數則高達 1 億 5 千萬。其中，行動裝置的比例超過 72％，三分之一的玩家年齡為 16 歲以下。此外，《機器磚塊》的平均使用時間高達 156 分鐘，遠超過 Instagram（35 分鐘）、YouTube（54 分鐘）和 TikTok（58 分鐘），其正在加速元宇宙化時代的到來。

　　2020 年 12 月在《機器磚塊》裡舉辦的納斯小子（Lil Nas X）演唱會彷彿就證明了這一點。該演唱會一共有數百萬名玩家參加，光是星期六、日兩天的觀看次數就超過了 3300 萬。

　　雖然《機器磚塊》會有如此耀眼的成績，其成功要素與《當個創世神》非常相似，但《機器磚塊》也有它自己的強項，那就是它有一個由 800 多萬名開發人員組成的社群，這些人被賦予了與現實世界相連的強勁獎勵機制和沒有進入門檻的開發環境。《機器磚塊》透過部分收費證明了其收益模式，並透過使用者們的使用數據證明了自己是最強大的平台，因此《機器磚塊》今後應該也會不斷地成長，從一個專屬於十幾歲青少年的世界拓展成一個連二、三十幾歲的使用者也會加入的元宇宙。

第 5 章

為了邁向元宇宙
所做的各種嘗試

　　玄彬曾演過一部叫《阿爾罕布拉宮的回憶》的電視劇。在劇中，只要戴上可以進入擴增實境的智慧型隱形眼鏡，現實世界就會變成一個巨大的遊戲空間，如果在遊戲世界裡與虛擬角色打鬥而喪命，在現實世界中也會死，劇情有些荒誕。

　　雖然這種事在短期內應該不太可能實現，但我們所生活的世界能與其他世界重疊這個設定讓筆者我覺得非常有吸引力。我想，這個世界上應該有不少人有過或現在也有類似的想法。

　　我會這麼說，是因為在這短短十年裡，就有許多企業家和公司為了讓這個如夢似幻的未來成真而不斷地在做各種嘗試和實驗。

　　雖然沒有任何人知道科幻小說中的幻想何時會在我們的眼前化為現實，但可以確定的是，只要我們不斷地從挑戰中學習和嘗試，實現這些幻想將只會是時間問題。

Google 眼鏡失敗的原因

　　有一個叫 Google X 的研究組織專門負責執行「射月計畫」（Moonshot），致力於研發各種將在遙遠的未來成為核心事業，但看起來異想天開或難以實現的創新技術。

　　2012 年 4 月 5 日，Google 公開了一支叫「Project Glass: One Day...」的影片。這支影片首度介紹了 Google X 的其中一項初期計畫，也就是我們所知道的 Google 眼鏡。這支影片一公開，就引起了全球熱烈的反響。看到在想像中描繪的產品出現在眼前，人們興奮不已，紛紛火速透過社群媒體分享了這個消息，並期待這個商品何時會上市。不久之後，Google 共同創辦人謝爾蓋‧布林（Sergey Brin）突然現身於 6 月 27 日舉辦的年度開發者大會 Google I/O，展示了 Google 眼鏡的 Demo。

　　同一時刻，一架直升機正在活動舉辦地點舊金山莫斯康展覽中心的上空盤旋，直升機上則有幾名戴著 Google 眼鏡的跳傘員。這時，會場螢幕

直播起了搭載於 Google 眼鏡的鏡頭拍到的影片。跳傘員們跳下了直升機，並在落地後騎著摩托車衝向了莫斯康展覽中心。跳傘員們在這短短幾分鐘裡看到的景象全都透過 Google 眼鏡直播給了現場的人看。接著，才剛看到眼熟的會場內部，摩托車就開進了正在舉行大會的會議室，這一連串如同電影般的演示就此落幕。雖然 Demo 影片是事先準備好的影片，但這戲劇性的演出已足以引起全世界的關注。那天，參與大會的開發人員中，有人向興奮不已的謝爾蓋·布林預購了 1500 美元的 Google 眼鏡。

同年 10 月，《時代》[①]將 Google 眼鏡評選為 2012 年的最佳發明之一。2013 年 4 月 16 日，透過 Google 探索者計畫預購的開發者們終於開始取貨。從那一天起，越來越多人在 YouTube 和社群媒體分享 Google 眼鏡的影片，Google 眼鏡成了潮流。時尚雜誌《VOGUE》還在介紹 Google 眼鏡時為其冠上了「時尚的未來」（The Future of Fashion）之名，為其寫了特別報導。

　　2013 年 10 月 29 日，發生了一件歷史性的事件。在美國聖地亞哥，一名叫塞西莉亞‧阿巴迪（Cecilia Abadie）的女子戴著 Google 眼鏡駕駛時被開了超速罰單，當時交通警察表示配戴 Google 眼鏡等同於開車時使用手機，因此又開了一張罰單。隨著這個消息傳遍全球，Google 眼鏡幾乎成了變化的新象徵。2014 年 1 月 16 日，加利福尼亞州法院表示「雖然開車時使用 Google 眼鏡屬於違法行為，但沒有證據可以證明駕駛人開車時有啟動 Google 眼鏡」，最終判其無罪。

　　2014 年 5 月 13 日，Google 眼鏡終於公開發售。無論是誰，只要支付 1500 美元即可購買 Google 眼鏡。從那天起，電影院開始以 Google 眼鏡能錄製影片為由，禁止佩戴者進入。另外，由於搭載於 Google 眼鏡的相機能在未經過他人同意的情況下拍照與收集資訊，因此引起了諸多侵犯隱私爭議，許多店面也出於這個原因，拒絕配戴 Google 眼鏡的人進入商店。儘管在這個時期有許多藝人在電視劇和綜藝節目裡戴著 Google 眼鏡，Google 眼鏡看似即將全面普及，人們的關注度卻不增反減。Google 試著透過各種合作和改善方案來跨越鴻溝，但許多嘗試都以失敗告終。最後，Google 於 2015 年 1 月 15 日終止了 Google 眼鏡計畫。

　　有很多人說，Google 眼鏡會失敗並不意外。這些人認為 Google 本應該在充分驗證並開發出市場想要的功能後再商用化，但測試版太早就商用化了。這種分析其實只說對了一半。因為 Google 本來就是一家以永久測試版（Perpetual Beta）聞名的企業，Google

這個服務也是這樣誕生的。

Google 最擅長的就是先開發、推出最低規格的商品，再不斷確認和分析客戶的需求，迅速且持續地進行更新與改善服務。所以 Google 才會以相同的模式迅速推出 Google 眼鏡。然而 Google 卻輕忽了硬體帶來的局限性。一般來說，軟體在發布後改善起來不會遇到太大的困難，就算更新也幾乎不會產生費用，但硬體只要上市就很難進行改善，而且會需要大筆資金。這也是為什麼有不少人會批評 Google 眼鏡太早進行商業化。除此之外，Google 眼鏡會失敗還有幾個重要的原因。

（1）最重要的原因是缺乏顧客價值。或許對早期採用者和開發人員來說 Google 眼鏡很有吸引力，但對一般消費者來說，一個產品要價 1500 美元，卻缺乏設計感及其應有的功能，消費者當然沒有理由購買；而只有單個鏡片支援小顯示器、性能低、缺乏有用的應用程式，也是消費者沒有購入 Google 眼鏡的主要原因。

（2）其搭載的相機所引發的爭議關係到個人隱私權和著作權等敏感議題，而未能被社會接受。另外也有不少人擔心頭戴式裝置產生的電磁波會危害健康和安全，Google 卻未事先進行充分驗證，導致 Google 眼鏡更加受到了消費者的冷落。

（3）Google 眼鏡穿戴起來並不舒服，而且未提供能夠克服這點的使用者經驗。先不論原本就沒戴眼鏡的人，就連本來就有戴眼鏡的消費者都覺得 Google 眼鏡很重，而且它不僅需要充電，操作起來也不容易，因此消費者很難持續使用 Google 眼鏡。針對這點，

Google 眼鏡並未在這方面進行充分的改善和創新。

　　原已終止的 Google 眼鏡計畫後來轉為開發企業版的 Google 眼鏡，並於 2017 年悄然復甦，以 B2B 形式被用於特殊用途或行業。2019 年，第二款企業版搭載了高通的驍龍 XR1，在一定程度上改善了過去不足的性能。2020 年，Google 收購了加拿大的智慧眼鏡初創企業 North，似乎是想重啟 Google 眼鏡事業。

　　果不其然，Google 最近又刊登了 AR 相關設備、光學、硬體工程師的職缺公告。從這一點來看，說不定 Google 會在不久之後的未來，推出能夠挽回過去的失敗的力作，再次抓住消費者的心。

Facebook 收購 Oculus 的原因

　　帕爾默・拉奇出生於美國加州長灘，從小就對工程學和電子產品有很大的興趣。從相當複雜的硬體設備到雷射、特斯拉高壓線圈等危險的產品，他常常會做各種實驗並製作各種東西。此外，由於帕爾默・拉奇非常喜歡玩遊戲，他還因此組裝了一台可以好好享受電腦遊戲的遊戲用 PC。帕爾默・拉奇表示，自己就是從那時候開始深深迷上了電腦圖形創造出來的虛擬實境。他甚至買下了 50 多種在 1990 年代 VR 鼎盛期時上市的 VR 頭戴式裝置，使用及分析了這些產品，然後發現自己還沒有找到滿意的 VR 裝置。

　　帕爾默・拉奇從 2009 年（16 歲）起，就開始親自設計、製作 VR 頭戴式顯示器，並靠著維修與轉售損壞的 iPhone 以及打工兼職來賺取製作經費。一年後，也就是 2010 年，第一個具有 90 度視野（Field of View，簡稱 FoV）及低延遲性，並搭載了觸覺介面的首款原型 PR1 問世。在經過無數次改善和嘗試後，帕爾默・拉奇開發出了第 6 個原型「Rift」。2012 年，他以這款產品在募資平台 Kickstarter 進行了群眾募資，並成功籌到了高達 240 萬美元的鉅額，

接近目標金額 25 萬美元的 10 倍。Oculus 就此誕生。

　　Facebook 是一個將人們聯繫起來的社群網路兼社群平台。不管使用者住哪裡、從事什麼行業，只要有網路，就能透過 Facebook 與其他人聯繫、發文或上傳照片。在交換數據與分享想法和意見的過程中，人與人之間會形成各種關係。

　　只要有電腦或智慧型手機，無論是誰都能創建 Facebook 帳號並免費使用 Facebook，在無窮無盡的網路中成為世界公民。這種事情之所以能實現，是因為用來連接彼此的硬體平台和在那之上運行的軟體平台已擴散到了全球各地。

　　Windows 10、Mac OS、Android、iOS 等作業系統在 PC、平板電腦、智慧型手機等硬體中運行，為人們實現許多想做的事情。在那之上，還有 Safari、Chrome、Edge、Firefox 等可以基於網路交換數據、搜尋資訊的網路瀏覽器。

　　Facebook 雖然只是一個在那些瀏覽器上運作的網站，但它同時是一個擁有逾 25 億名使用者的超大規模社群網路服務。此時此刻，幾乎隨時都有高達 50 億名使用者在將近 20 億個網站上[2]交換數據；也就是說，在這之中有一半以上的人正在 Facebook 發文或上傳照片。

　　像這樣，每當出現一個新的硬體平台，就會有新的軟體平台應運而生，出現在硬體平台上，而軟體平台上又會堆疊出新的層，最終形成複雜但又多樣的可能性和連接性。馬克・祖克柏（Mark Zuckerberg）相信 Oculus 等 VR 裝置將會成為下一個新的硬體平台，

並確信就像我們現在所使用的電腦和智慧型手機一樣,未來將會有無數個 Oculus 的軟體被開發出來。

他相信,如果這些軟體串聯起來,將會創造出一個更大的數位世界。也就是說,新的計算設備將會創造出一個新的計算環境,而這個環境又會創造出另一個相連的生態系統。2014 年親眼看過 VR 頭顯後,為了押注一個可以創造出虛擬實境這個新的計算環境的硬體平台,馬克・祖克柏以 23 億美元收購了 Oculus。

為了成為最大的社群網路兼強大的交流平台,2012 年,Facebook 以 10 億美元收購了 Instagram。這是因為 Facebook 判斷 Instagram 這個利用基於智慧型手機的照片分享日常生活的社群網路將會與 Facebook 一起發揮協同效應,將使用者們緊密聯繫起來。

隨著行動通訊快速發展,2014 年,Facebook 以其收購史上最高金額 220 億美元收購了當時擁有 4 億 5000 萬名使用者的 WhatsApp。當時這個收購天價招來了不少爭議與負面評價,媒體也連日對此大肆報導。

雖然 WhatsApp 的規模在北美地區排名第二、不及 Facebook Messenger,但在東南亞國家卻是壓倒性的第一大通訊企業。因此 Facebook 可以說是從多方面分析現況後,進行了戰略性投資。Facebook 有可能是為了讓具有 Messenger 功能的 Facebook 在東南亞地區也能發展成強大的交流平台而事先鋪路,也有可能是將這一步當成了確保 WhatsApp 開發人員的一環。Facebook 也有可能是為了從根本上阻止 WhatsApp 基於龐大的使用者發展成社群網路服務,

變成自己強勁的競爭對手，而先發制人採取了應對措施。

　　幾年後，Facebook 的收購使 WhatsApp 變成了一個擁有 15 億名使用者的超大訊息服務，與此同時，Facebook Messenger 也變成了一個十幾歲青少年最常使用的交流平台。使用者就算沒有電話號碼也能加入 Facebook Messenger。有別於 WhatsApp，使用者還可以同時用電腦、智慧型手機、瀏覽器等登入 Facebook Messenger。此外，Facebook Messenger 還最大限度地發揮了能與 Facebook 連動，方便和朋友們溝通與分享的優勢。據說，十幾歲使用者占 Facebook 使用者的 20% 以上，其實際使用時間所占的比例則超過了 60%。

　　Facebook Messenger 不僅能迅速掌握誰、什麼時候讀了訊息，還能從一開始就保管完整的歷史紀錄，而且很容易與 Facebook 進行切換，因此包括十幾歲青少年在內的整體使用者正在增加。像這樣，Facebook Messenger 和 WhatsApp Messenger 的功能和屬性不同，兩者採取了不同的策略定位。由於這兩個服務都得到了成長，因此我們很難評價說 Facebook 耗資鉅額收購 WhatsApp 是失誤。

　　如果說 Instagram 擴大了社群網路、WhatsApp 擴大了訊息服務，那麼收購 Oculus 就是為了擴張硬體平台和娛樂及溝通管道。我們也可以說，這是一直以來都在其他公司的平台運行的 Facebook 首次為了進行垂直整合而進行了投資，希望為此奠定基礎。會做出這種分析，是因為 Facebook 現在已經形成了一個能夠從底至頂控制與製作硬體、作業系統、3D 瀏覽器、App Store、應用程式等的環境。

　　有別於過去的收購案，馬克・祖克柏的個人慾望和長遠願景應該是對 Oculus 收購案發揮了一定程度的影響力。因為現身於「未來的電腦」Oculus 裡的虛擬現實這個情境，就宛如一片尚未被任何人征服的新大陸，而馬克・祖克柏就像哥倫布一樣發現了這片新大陸。

　　Facebook 在公司內部成立了與 Oculus 團隊整合的 AR ／ VR 研發團隊——Facebook 實境實驗室（Facebook Reality Lab，簡稱 FRL），並投入了大規模的費用和人力。為了在新發現的大陸成為未來的贏家，Facebook 正在所有領域擴充研發人力，並且全力開發 Oculus 硬體。

　　Facebook 推出的第一款產品 Oculus Rift 必須與電腦連接，由於其價格昂貴，技術上又有許多不足之處，因此 Facebook 一邊致力於改善問題，一邊試著與三星電子進行密切的合作。起初，Facebook 的約翰・卡馬克（John Carmack）對行動 VR 抱持著懷疑的態度，但在他後來多少認知到其發展空間後，合作速度開始加速，而在 2014 年的德國消費性電子展（IFA 2014）公開的 Galaxy Note 4 與 Gear VR 吸引了全世界人的關注。對三星電子來說，為了給陷入停滯期的智慧型手機增添新的應用並拓展銷路，它需要進一步擴大情景，來展現出 Galaxy 的性能並與其他產品連動；而對 Facebook 來說，這個機會正好可以滿足它的需求，讓它透過合作，來彌補缺乏製造經驗及硬體專業性的缺點。三星和 Facebook 之所以會合作，就是因為雙方的需求都得到了滿足。三星電子從 Galaxy

S6、Note 4、Note 5、Galaxy S7 到 2017 年的 Note 8 都有支援 Gear VR，這兩家企業就這樣合作到了 2018 年。

　　後來，雙方確認了彼此抱持著不同的夢想，無法繼續合作下去，Gear VR 從 2019 年起終止了對三星產品的支援。透過幾年來的合作，Facebook 在製造和硬體方面獲得了重要的經驗，並對必要領域進行了投資；三星電子則是確認到了搭載於手機的行動 VR 的易用性不如 VR 專用設備，又有諸多限制，而且其價值也未得到 Galaxy 手機使用者的認同，雙方很自然地就終止了合作。

　　Google 也出於類似的原因停止了「Daydream 計畫」，結束了在 VR 專用設備的鼎盛期來臨前行動 VR 稱霸十年的過渡期。

　　為了透過開發獨立式 VR 設備累積製造及硬體相關經驗，Facebook 與中國的小米展開了合作，並於 2017 年以 199 美元的售價推出了低規格的單控獨立式 VR 頭顯 Oculus Go 64GB 版本。其搭載了高通的驍龍 821，並使用了 2 個解析度為 1280×1440 的 LCD。由於價格低廉、不需要用電腦操作這兩個決定性的優點，Oculus Go 獲得了火爆的人氣。

　　雖然 Oculus Go 有發熱問題和不支援位置追蹤的缺點，但由於價格合理、易用性也不低，許多使用者開始喜歡戴上 Oculus Go 消費 VR 內容，除了觀看 Youtube、Netfilx，它也被用於教育或被拿來玩休閒 VR 遊戲。

　　2019 年，Facebook 動員了過去累積的硬體和製造相關經驗，開發出了高性能的 PCVR 設備 Oculus Rift S，並推出了獨立式 VR

頭顯 Oculus Quest。

Oculus Quest 搭載了性能得到提升的高通驍龍 835，並使用了解析度為 1440×1600、畫面更新率為 72Hz 的 OLED，同時還搭載了四個用來感測外部情景和進行手勢追蹤的鏡頭，是一款六自由度（6DoF）的雙控設備。其 64GB 的售價為 399 美元、128GB 的售價為 499 美元，價格驚為天人。從這時候開始，開發能在 Oculus Quest 上運作的 App 及遊戲的開發商急遽增加。

Oculus Quest 僅上市一年，其應用程式商店裡的 App 就超過了 170 個[③]，其中有 110 多個是遊戲，因此可以說 VR 和電腦一樣，一開始是由遊戲來主導市場。在這之中，有 35 款遊戲的銷售額超過了 100 萬美元。隨著 VR 軟體市場證明了其獲利能力，許多軟體企業開始為了推出 VR 遊戲而啟動各種計畫。2019 年，Oculus Quest 的銷量在上市那一年就達到了約 43 萬 5000 台，2020 年 Oculus Quest 又售出了約 57 萬台，形成了一個累計銷量高達 100 萬台的市場，而這種大規模的市場估計也是軟體企業決定開發 VR 遊戲的一大因素。當時大部分的 VR 設備都必須要連接高性能的電腦才能使用，價格也都在 900 ～ 1500 美元之間，但 Oculus 不但可以單獨使用，而且價格相對低廉，因此在市場引起了巨大反響。

但 Facebook 並沒有就此滿足，反而以進一步改善產品性能，同時確保成本競爭力為目標，加速開發了下一款產品。沒過多久，Facebook 在 2020 年 10 月推出 Oculus Quest 2，並進行了大量生產及銷售，上市不到三個月銷量就超過了 100 萬台。[④]

　　儘管爆發了新冠疫情這個特殊情況，Oculus Quest 2 不但銷量驚人，人氣更是不停攀升，2021 年初又售出了 100 萬台，現在則因為庫存不足而出現了出貨延遲的現象。這個銷售速度有多驚人？2007 年蘋果推出 iPhone 時，僅花了 74 天就售出了 100 萬支，而 Oculus Quest 2 在 2020 年 10 月 13 日上市後，不到 80 天就賣出了將近 110 萬台，一上市就展現出了驚人的銷售速度，這幾乎與 13 年來銷量超過 22 億支的 iPhone 相同。[5]

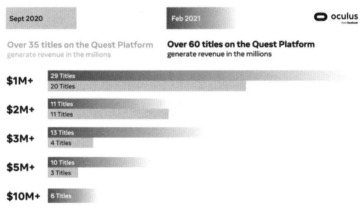

資料來源：www.oculus.com/[1]

　　Oculus Quest 2 首次搭載了與前代驍龍 835 相比，性能提升了 2.6 倍以上的高通 XR2 硬體平台。此外，Oculus Quest 2 不僅降低了價格，還使用了解析度為 1834×1920 的 LCD，螢幕網格效果得到了改善。為了減少殘影，讓畫面看起來更流暢，Oculus Quest 2

還使用了螢幕更新率最高支援 120Hz 的螢幕，因此可以輕鬆使用過去在高規格 PCVR 運作的遊戲和應用程式。

出乎意料的是，Oculus Quest 2 的價格竟不增反降，64GB 售價 299 美元，256GB 售價 399 美元，可以說是性價比最好的裝置。如果分析 Oculus Quest 2 的硬體，售價 299 美元的機型光是零部件成本就超過 150 美元，如果再加上開發、製造、物流費用，根本沒有利潤可言，甚至可能是賠本銷售，估計售價 399 美元的機型的利潤也被壓到了最低。也就是說，Facebook 正在販售一款越賣越賠的產品。

但 Facebook 之所以能採取這種模式，是因為有前面提到的應用程式生態系統。因為以如此低廉的價格買到裝置的使用者會在 App 商店付費購買軟體，而這時收入的一部分會作為授權費支付給 Facebook。如果考慮到這方面的收益，我們可以得出 Facebook 並不是在做賠本生意的結論。

實際上，截至 2021 年 2 月，收入超過 100 萬美元的應用程式增加到了 60 多個，其中有 6 個應用程式的收入甚至超過了 1000 萬美元。[⑥]

Facebook 在收購 Oculus 後又進行了多年的投資。2015 年其收購了 Surreal Vision，該企業擁有 3D 圖像即時重建技術和能建立準確度高的數位孿生的電腦視覺技術。[⑦]Facebook 現在則在研發能夠用於 AR 與 VR，可實現電腦介面創新以及空間感知的平台技術，以將其應用於 Oculus Quest。

AR／VR 的重大收購

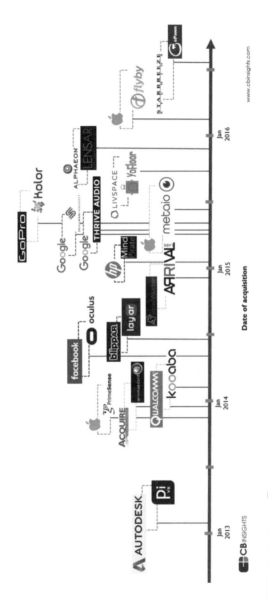

資料來源：cbinsights.com[2]

　　2017 年，Facebook 拓展到瑞士，收購了蘇黎世大學的專案項目 Zurich Eye，並將其開發的視覺導航（Visual Navigation）技術應用於 Oculus Go 和 Quest 的 UX。此外，Facebook 還收購了一家共有 16 名員工的眼動追蹤技術初創企業[⑧]，並持續在研發用眼睛控制 VR 裝置的技術。

　　雖然 Facebook 收購 Oculus 的效果還未完全釋放出來，但在不久後元宇宙時代正式開始的未來，Facebook 將會像 Google 當年收購 Youtube 一樣，掀起巨大的波瀾。如果 Facebook 在 10 ～ 20 年後創造出一個比 Facebook 還大的虛擬世界，那為了進入這個世界，我們可能會需要用到 Oculus 開發的某個產品。

　　馬克・祖克柏表示，一旦供應 10 億台 Facebook 製造的 VR 頭顯，這個世界將發生翻天覆地的變化。雖然不曉得未來還需要幾年的時間，但光是現在達 300 ～ 400 萬的使用者變成 1000 萬名，市場就會被大洗牌，而一旦使用者超過 1 億名，至今為止所有的想像幾乎都將變得有機會被實現。

03

Magic Leap 籌到大筆資金卻失敗的原因

2015 年，出現了一支在網路上被瘋傳的影片。這支叫「Magic Leap 辦公室裡平常的一天」（Just another day in the office at the Magic Leap）的 Demo 影片是 Magic Leap 發表的概念影片。影片中，主角在辦公室利用擴增實境發送郵件、確認行程後，突然掏出了一把槍，在充滿沉浸感的虛擬世界與外星人打鬥。如果我們單純把這支影片當作是一種表演，那沒什麼了不起的，但如果我們真的能用 AR 眼鏡看到這一切，那這支影片可說是展現出了驚人的真實感，因此其紅到點閱次數達到了 100 萬。

更令人驚訝的是之後公開的另一支短片。影片中一隻巨大的鯨魚突然伴隨著浪花，從體育館 地面出現又消失不見。整支影片有真實感到不禁讓人懷疑這種事是否真的辦得到。由於沒有任何螢幕或投影機，影片裡的人也都沒有配戴眼鏡或其他設備，因此筆者我認為這只是一個利用電腦技術製作的影片。但令人驚訝的是，

有新聞報導製作與公開這支影片的公司在當年 10 月獲得了高達 8 億 2700 萬美元的 C 輪融資，據說當時該公司以 37 億美元的估值 獲得了累計 14 億美元的融資。明明實際上還沒有製作或公開任何 東西，卻獲得了這麼龐大的投資，不禁讓許多人推測這家公司說不 定有什麼武器，或真的擁有能實現鯨魚影片的技術，因此激起了人 們的好奇心。

Magic Leap 是一家由猶太裔美國人羅尼・阿博維茲（Rony Abovitz）於 2010 年創立的擴增實境企業，羅尼・阿博維茲同時是 史賽克公司（Stryker Corp）以 16 億 5000 萬美元收購的醫療機器人 公司 MAKO Surgical 的創始人。Magic Leap 的目標是開發出一種能 在使用者眼裡製造數位光並投射逼真影片的擴增實境技術，並藉此 開發出一個看起來自然、方便、以人為本的穿戴式計算介面。

這家蒙著巨大面紗的初創企業才剛成立就從 Google、阿里 巴巴等企業獲得了高達 260 萬美元的投資，並在 2014 年從高通 和安德烈森霍洛維茨（Andreessen Horowitz）、凱鵬華盈（Kleiner Perkins）等矽谷一流的投資公司獲得了 5 億 4000 萬美元的後續投 資。Magic Leap 之所以能接連獲得多筆投資，除了因為當時整個社 會對初創科技企業抱持相當正面的態度，另一個重要影響因素應 該是因為尼爾・史蒂芬森當年在 Magic Leap 擔任了首席未來學家 （Chief Futurist）。當時肯定有不少人覺得，既然連創造出元宇宙 這個新的虛擬世界概念的人也加入了 Magic Leap，那這家公司應該 是暗藏著什麼屬害的武器，而心懷期待、覺得這家公司充滿了神祕

感。

2015 年獲得投資後，Magic Leap 雖然申請了 166 項相關專利，並公開了軟體開發套件（Software Development Kit，簡稱 SDK），看似有所進展，但依舊沒有公開任何具體的成果。因此，人們只能紛紛猜測，為了開發出逼真的「鯨魚出水」影像的技術，似乎需要投入相當多的研發和時間，甚至沒有人曉得 Magic Leap 將如何實現這項技術，又將推出什麼產品和服務。

2016 年，《連線》介紹 Magic Leap 時稱其為「世上最神祕的初創企業」，負面評論家們甚至批評其為擴增實境界的 Theranos[7]。然而在這種情況下，2016 年，Magic Leap 以 45 億美元的估值追加獲得了 8 億美元的投資，因此傳出了其即將揭開真面目的消息。

2017 年 12 月，Magic Leap 首次公開了其計畫推出之產品的概念，其神祕面紗終於被揭了開來。Magic Leap 公開了一副名為「Magic Leap One」的 AR 眼鏡的概念，但其並未公開實際產品或原型。這四年來，Magic Leap 以 64 億美元的估值獲得了高達 22 億美元的融資，但其公開的概念卻讓人大失所望。人們不禁懷疑 Magic Leap One 會不會就這樣上市，這一刻讓大家確認到至今為止 Magic Leap 的祕密主義僅是泡沫。

在這種情況下，2018 年初，Magic Leap 從沙烏地阿拉伯獲得了 4 億 6100 萬美元的 D 輪融資，並於當年 7 月，終於首度公開

7　血液檢測公司，過去曾是矽谷的生物科技獨角獸公司，其聲稱透過微量血液就能檢測出多項指標，最後被證實是一場騙局。

了搭載 NVIDIA TX2 硬體的 Demo。雖然其每台售價高達 2295 美元，但其性能卻無特別之處，顯示器的視野也只有非常狹窄的 50度，因此其原本預計能銷售 10 萬台，實際上卻只售出了 6000 台。雖然 Magic Leap 還有發表在 Magic Leap One 裡運作的智慧型代理 Mica，並收購了瑞士的 3D 電腦視覺初創企業 Dacuda 和容積影像（Volumetric Video）初創企業 Mimesys，但長時間被誇大後失去的信任並未因此得到恢復。

儘管 2019 年，Magic Leap 透過 NTT Docomo 推出設備並得到了 2 億 8000 萬美元的前期投資，《資訊》（*The Information*）雜誌卻於 2020 年報導了 Magic Leap 的衰敗。其發表了一篇充滿冷嘲熱諷的報導，指出一家估值曾達到 64 億美元的公司現在僅值 4500 萬美元，並尖銳地批判擴增實境帶來的幻想與現實存在著巨大差距。

雖然羅尼・阿博維茲後來試圖出售公司，但就連原本最有可能收購該企業的 Facebook 和嬌生都失去了興趣。Magic Leap 最後解僱了將近一半的員工，羅尼・阿博維茲則在籌集 3 億 5000 萬美元的重振資金後離開了 Magic Leap。Magic Leap 放棄了過去一直未能擺脫低迷的 B2C 事業，並像其他企業一樣，轉向了醫療保健、工程、教育等 B2B 事業。與此同時，Google 的桑德爾・皮蔡（Sundar Pichai）和高通的保羅・雅各布斯（Paul E. Jacobs）也離開了董事會。隨著微軟的前高層佩吉・約翰遜（Peggy Johnson）接任 CEO，曾經輝煌一時的 Magic Leap 神話就此歸零。

即便 Magic Leap 長時間備受關注，也籌集到了大規模資金，

卻還是澈底失敗的原因非常明確。其失敗原因留下了重要的教訓，可以給未來元宇宙時代的新興企業當作反面教材。

（1）首先，缺乏對技術的理解與缺乏顧客價值是 Magic Leap 失敗的最主要原因。如果去看其發表的第一支影片，就會發現雖然影片酷炫且令人驚豔，卻完全無法從中看出 Magic Leap 是否考慮過為什麼需要這項技術，以及這項技術能為顧客帶來什麼價值。

Magic Leap 只想到要開發出酷炫的技術，然而該技術卻沒有實用性，並與現實有很大的差距。雖然耗時多年，但其想開發的技術終究沒有達到臨界點，Magic Leap 開發出的到頭來只是副 AR 眼鏡。如果 Magic Leap 從一開始就將重點放在 AR 眼鏡上，並去思索該如何解決哪些顧客的問題，那將會有完全不同的結果和過程。

（2）產品的完成度和易用性低。Magic Leap One 的售價高達 2295 美元，卻沒有比競爭產品更好的功能或性能，也未設計出高度的易用性，因此消費者感受到的完成度遠低於預期。另外，該產品的顯示器視野太窄，給人被關住的感覺；控制器無法準確辨識；軟體環境也不利於開發及使用。Magic Leap 並沒有提供充分的獎勵，讓開發人員和合作夥伴公司積極參與、共同建立生態系統。

（3）缺乏與顧客的溝通及永久測試版應有的敏捷度。明明是 B2C 領域的企業，卻完全沒有與客戶溝通，也完全沒有分享或公開其將在什麼時候如何做什麼事、將展示什麼、將賣什麼，浪費了太多的時間。

此外，Magic Leap 本應迅速製作最小可行性產品（Minimum

Viable Product，簡稱 MVP）與顧客分享，並藉此得到反饋，進一步反映市場和顧客價值的變化，但其付出的努力和相關過程卻少得可憐。Magic Leap 所犯的錯就是不曉得顧客和市場想要什麼，只堅信自己能做的事就是顧客想要的東西，就這樣耗費了多年的時間。

沒能跨越技術鴻溝的企業

　　就算沒有像 Magic Leap 經歷過巨大的嘗試與失誤，幾乎所有開發 AR 眼鏡的企業都因為沒能跨域技術鴻溝而經歷了艱難的時期。

　　2012 年梅隆・格里貝茨（Meron Gribetz）創立的 Meta 也是當時備受矚目的 AR 企業。Meta 企劃與開發了一個從初期開始概念就很明確的產品，並在 2013 年以一個非常簡單的 MVP 開發者套件成功完成了 Kickstarter 的眾籌活動。[9] Meta 原本的目標金額是 10 萬美元，但最後籌集到了 19 萬 5000 美元，其迅速進行開發，並在 2014 年的消費性電子展（CES2014）上展出了產品。2016 年，梅隆受 TED 的邀請，以演講者的身分介紹 Meta 的技術，並在活動期間營運展區、進行演示。2017 年，Meta 還參加了對初創企業來說稱得上是全球最大的盛會「西南偏南」（SXSW），並被認可為有潛力的 AR 企業，又從 Y Combinator 獲得了 7300 萬美元的投資。

　　後來 Meta 終於推出了一款售價 1495 美元、擁有 90 度視野、需連接 PC 使用的裝置「Meta 2 AR Glass」，但僅賣出了 3000 台，

遠低於預期銷量 1 萬台。2019 年，Meta 甚至未被其他公司收購，直接關門大吉。其過去開發的資產則出售給了一家以色列公司 Olive Tree Ventures。

2010 年成立的 Daqri 也多次獲得投資，開發了用於娛樂、教育及企業導向的 AR 應用程式與 1 萬 5000 美元的智慧型頭戴式裝置。在 CES 2016 首次亮相後，Daqri 被 CNBC 評選為破壞性創新企業，並推出了售價 4995 美元的智慧型眼鏡。為了開發創新技術，Daqri 還收購了 AR 軟體企業 ARToolworks、EEG 頭帶初創企業 Melon、製造創新企業 1055 Labs、專門開發全息顯示器的初創企業 Two Trees Photonics 等企業，擴大了規模、提升了技術。

但由於其產品視野只有 44 度、體積笨重、價格昂貴，因此未受到客戶的青睞。2019 年，Daqri 因為面臨技術上的局限性與資金不足，最終宣布倒閉，剩餘的 IP 和資產則出售給了色拉布公司（Snap）。當時色拉布的 CEO 伊萬・斯皮格（Evan Spiegel）還表達了負面意見，表示要形成一個 B2C 導向的 AR 頭顯市場至少需要十年。

1999 年創立的 ODG（Osterhout Design Group）也長年開發了 AR 智慧型眼鏡和基於安卓的 Reticle OS。2016 年，ODG 從 21 世紀福斯等企業獲得了 5800 萬美元的投資，並在 CES 2017 上展示了 R-8 和 R-9 這兩款產品，希望自家產品能成為面向大眾的智慧型眼鏡。但 ODG 不但沒能開發出像樣的消費者產品，甚至還在用盡投資資金後，因為生產問題引發了品質問題，前一款產品 R-7 因而創

下了兩位數的退貨率。

ODG 本應先解決原有機型的問題，並迅速反映顧客的反饋，但它卻投入人力、資金和更多的精力在開發新機型上，而這就是其失敗的原因。2019 年，微軟最後僅以 1 億 5000 萬美元收購了其 IP 資產。

這種氛圍並非只瀰漫於美國。英國的 AR 初創企業 Blippar 也耗盡了 1 億 3000 萬美元的投資資金，但仍未能東山再起。最後，早期投資者 Candy Ventures 只收購了其資產，Blippar 最終宣布倒閉。像這樣，有許多 AR 企業因為未能跨域技術的鴻溝而步入了歷史，而這些企業有幾個共同點。

（1）正如我們從 Magic Leap 的失敗案例中吸取到的教訓一樣，最重要的因素是缺乏對 AR 技術的理解，以及未能正確掌握顧客價值。這些企業不但以為自己能在短時間內，以現有的技術開發出能滿足顧客需求的產品和服務，還把原本需要投資好幾年時間才能達到高水準的技術用於產品，因此當然無法開發出能滿足顧客期待的產品。由於產品完成度低，還被訂成高價位，導致沒有任何一個設備被顧客選擇。

（2）AR 眼鏡是典型的日常穿戴式裝置，因此在配戴習慣與易用性方面存在著很大的進入門檻。不管產品再怎麼便宜，如果沒有佩戴的理由和目的，那當然不會受到顧客的歡迎；除非變成習慣，否則佩戴 AR 眼鏡這個行為本身就會讓顧客感到不方便，而且難以長時間配戴。

正因為如此，在 Apple Watch 上市前，智慧型手錶市場也一直都是類似的情況。除非有高度的易用性，並有核心功能，能讓使用者覺得戴起來並不會不舒適，甚至能養成配戴習慣，否則穿戴式裝置幾乎不可能從 B2C 領域拓展出來，在一般大眾市場受到使用者的青睞。

（3）嚴重缺乏方向和策略。許多企業的硬體開發方向和為此建立的策略之間存在著差距。而且企業本應建立與執行能開發出殺手級應用並建立靈活的生態系統的平台策略，但大部分的企業卻都誤以為只要做出設備就能解決一切問題。雖然 Blippar 有開發一個叫 BlippBuilder 的創作者平台，讓創作者可以基於 SaaS 製作 AR 內容，但在它正式建立開發人員社群，以及設計出能提升開發人員參與度的獎勵機制前就宣布倒閉了。

像這樣，許多企業在 2019 年左右宣布倒閉、吃盡了苦頭，但這段時間累積的資產和經驗逐漸滲透整個產業，將對今後 AR 產業的發展帶來拋磚引玉的重要作用。

蘋果收購多家 AR 企業的原因

（1）只要是蘋果做出來的東西，都會成為業界標準。

（2）除非達到高完成度，否則蘋果不會推出新產品。

（3）蘋果推出新設計的設備時，一定會同時提供最佳化
　　 的使用者經驗。

　　若去看至今為止蘋果推出的產品，就會發現蘋果的產品都蘊
含著這些產品哲學。這也意味著，重視完成度、細節、直觀性及使
用者經驗，讓蘋果的產品跟其他公司的產品產生了區別性。就像
iPod 和 iPhone，在蘋果的產品上市前，業界並沒有所謂的「標準」。
通常都是要等蘋果做出某個產品，那個產品才會變成業界的標準或
範例，並出現其他企業紛紛模仿、該類型的產品在市場擴散開來的
現象。蘋果的產品之所以能這樣，最大的原因就在於上面提到的產
品哲學。

　　為了達到近乎完美的完成度，用於產品的所有技術也都必須

具備高完成度。各項技術之間不但要取得平衡，最低標準也都必須超越臨界點。此外，使用者經驗必須和新的設計進行最佳化，易用性也必須達到一定程度的水準，讓用戶能受到令人滿意的經驗。

在蘋果推出 iPod 前，市面上早就已經有許多 MP3。只是當時並沒有像 iPod 那樣簡單的滾輪操作介面和高度的易用性，也沒有過能連到 iTunes 聽音樂的經驗。iPod 上市後，整個數位音樂市場因為蘋果而大翻盤。而在 iPhone 問世後，智慧型手機市場的主導權全落到了 iPhone 身上，這些都是眾所皆知的事。

雖然曾有很長一段時間，有傳言說蘋果將會搶先推出智慧型手錶，但蘋果是在 Pebble Technology 最先推出智慧型手錶、三星和其他企業的產品上市後過了好幾年，才推出了 Apple Watch。儘管如此，Apple Watch 憑藉著卓越的使用者經驗和設計，以及顧客價值被最大化的蘋果生態圈的力量，瞬間變成了智慧型手錶市場的領頭羊，其銷量估計自 2015 年上市後已超過了一億台。[10]我們不難推斷，為了推出新裝置，蘋果會在內部開發出具有完美的易用性和完成度的產品，而且如果未達到預期水準，絕不會發布新產品。

蘋果的 CEO 提姆・庫克（Tim Cook）曾多次公開表示 AR 市場極具潛力。他還在接受《紐約時報》的採訪時表示，擴增實境將豐富並改善使用者們之間的對話，並表示 AR 不僅能用於遊戲，還能被廣泛用於健康、教育、零售領域。提姆・庫克深信，AR 將在不久後的未來滲透至我們的生活，並為我們的整個生活方式帶來巨大的影響。近來，有傳言說蘋果將在 2022 年或 2023 年左右推出

AR 眼鏡。

　　但正如前面提到的其他企業的試錯案例，要開拓 AR 眼鏡市場困難重重。目前技術完成度方面還存在著許多問題，穿戴式裝置在易用性方面也存在著許多難以克服的局限性。就算是蘋果，若其繼續採取目前的作風，要在兩三年內推出商用化產品並不是件容易的事。蘋果也知道這是一大挑戰，因此就像之前製作 iPod 和 iPhone 時一樣，正為了創造這個市場的潛力，積極確保相關技術和解決方案。若仔細觀察蘋果至今為止收購的眾多 AR 企業，我們不難理解蘋果想要的是什麼、期待的是什麼、想解決什麼問題。

　　2013 年，蘋果以 3 億 6000 萬美元收購的第一家初創企業是以色列的 PrimeSense。PrimeSense 成立於 2005 年，是一家擁有 3D 感測器技術的無晶圓廠半導體公司，隨著其技術被應用於微軟的「誕生計畫」（Project Natal），也就是後來的「Kinect」，PrimeSense 名聲大噪。其開發的 Capri 1.25 內建了超小型嵌入式 3D 感測器和電腦視覺功能，其中介軟體具有能進行各種追蹤及手勢辨識的函示庫（library）。Capri 1.25 會利用深度攝影機測量物體的距離、重新組合測得的數據，以即時獲取空間資訊。這項技術是開發 AR 時最重要且必不可少的技術。若僅靠現有的 RGB 攝影機，處理量會過大，而且如果是在光線不足的地方或在室外強光下測量，會出現錯誤。因此，為了進行精準的測量，必須要有這項技術。

蘋果的 AR ／ VR 重大收購

Faceshift	Emotient	Vrvana			
臉部追蹤技術	臉部追蹤技術	VR頭戴裝置技術			
Metaio	Flyby Media	SensoMotoric Instruments	Akonia Holographics	iKinema	NextVR
AR技術	AR／VR技術	眼部追蹤技術	AR鏡片技術	VR虛擬效果	VR內容廣播技術
2015	2016	2017	2018	2019	2020

資料來源：Bloomberg reporting

　　2015 年，蘋果收購了一家位於瑞士蘇黎世、負責《星際大戰》中動作捕捉（Motion Capture）的公司 Faceshift，以及 2003 年從福斯汽車獨立出來的一家 AR 軟體公司 Metaio。

　　Metaio 不僅開發了 AR 瀏覽器 Juneio，還開發了適用於 PC、網頁、行動平台的 SDK 和 Metaio Creator 等 AR 創作工具。當時收購的技術和資產在開發蘋果 ARKit 的過程中發揮了重要的作用。

　　2016 年，蘋果收購了一家叫 Emotient 的公司，其開發出了一種能掃描臉部表情的細微變化，並透過 AI 分析出情緒狀態或變化的解決方案。該技術被用於分析 Google 眼鏡上的相機拍攝到的臉部圖像。同一時期，蘋果還收購了一家曾參與 Google 的 Project Tango 的公司 Flyby Media。Flyby Media 開發了一種只要用相機掃描現實世界中的物體，就能用數位物件標號（Labeling）或在數位空間分享的相機軟體。

這些技術之後也都被 ARKit 吸收並被加以應用，Flyby Media 的員工則被分配到了蘋果的 AR ／ VR 開發部門，在蘋果為元宇宙時代做準備時發揮了很大的作用。當時，蘋果正在積極擴大 AR ／ VR 開發團隊，因此以 3D 使用者介面聞名的專家道格‧鮑曼（Doug Bowman）、負責開發 Amazon VR 平台的科迪‧懷特（Cody White）、Oculus 的尤里‧彼得羅夫（Yury Petrov）、曾開發 HoloLens 的阿維‧巴‧澤夫（Avi Bar-Zeev）等 AR ／ VR 領域的專家紛紛加入了蘋果團隊。

2017 年，Apple 發布了擴增實境開發環境 ARKit，同時積極尋找擁有頭戴式裝置硬體、要素相關技術的企業，全面燃起了要建立元宇宙生態系統的鬥志，並在這個時期收購了 Vrvana。Vrvana 是一家位於加拿大多倫多的公司，其開發了一款正面搭載了 600 萬畫素攝影機的 MR 頭戴式裝置「Totem」。Totem 是一款延遲性極低，可以自然、快速切換 VR 與 AR 模式，並擁有獨特概念的設備。它並不是讓使用者透過透明的鏡片看到物理情景，而是讓內建的相機即時串流使用者眼前的現實物理空間，同時做出 AR 效果。Vrvana 開發出了具有 MR 模式的頭戴式裝置，並與多家企業建立合作夥伴關係，擴大了業務。後來 Vrvana 在資金上遇到困難時，蘋果以 3000 萬美元收購了這家公司。

1991 年於德國成立、長年來開發眼動追蹤技術的 SensoMotoric Instruments（簡稱 SMI）也因為同樣的原因加入了蘋果團隊。SMI 開發的瞳孔追蹤技術與 Google 收購的 Eyefluence 擁有的類似，其技

術被用於 HTC Vive DVK。

為了開發出元宇宙的原始技術，蘋果的收購戰並沒有就此結束。蘋果收購了一家擁有圖像感測器及量子點技術中一種叫「量子薄膜」技術的公司量宏科技（InVisage），以該公司的產品取代了原有的圖像感測器。蘋果還進一步開發了能改善低照度時的辨識能力並提升畫質的解決方案，開啟了未來能用於 FaceID 或 AR ／ VR 設備的可能性。

2018 年，蘋果收購了一家由全像科學家們於 2012 年成立的公司 Akonia Holographics。該公司開發了使用 AR 鏡片和 LCoS 微顯示器的波導管，擁有光學原始技術。蘋果因此同時獲得了 200 多個 IP，幾乎得到了所有今後開發 AR 設備時需要的核心技術。

蘋果還收購了擁有全身動作捕捉技術（Full Body Motion Capture）的英國公司 iKinema，以及擁有 VR 廣播解決方案且能以 360 度立體影像轉播體育賽事、音樂會、演唱會的公司 NextVR。蘋果不僅正致力於取得與開發原始技術，還在一步步開發能夠建立生態系統的應用技術和解決方案。

像這樣，為了達到高技術完成度並創造出最佳的使用者經驗，蘋果絕不會輕易妥協，並且正在透過收購、投資、合作的方式，持續投入大量的資金和精力在研發上，直到達到其想要的水準。雖然不曉得什麼時候會形成標準，但在形成一個完成度夠高的標準前，蘋果仍然會是 AR 生態系統中位於最頂端的掠食者。

蘋果為什麼會在智慧型手機裡內建光達？

　　蘋果首次公開 ARKit 是在 WWDC2017。ARKit 是一個可以幫助開發人員輕鬆利用 AR 相關感測器和功能去開發應用程式的工具包。其主要由可測量與物體之間的距離的深度 API（Depth API），可將虛擬物件綁定在現實世界的座標上、進行情景化的定位錨（Location Anchors），和可以追蹤臉部表情或身分的臉部追蹤（Face Tracking）所組成。

　　原本這些技術對開發人員來說也非常難用，但只要利用蘋果的工具包，就能輕鬆測出距離某個東西有多遠，也能輕鬆在特定位置結合資訊來使用。就結論來說，蘋果創造了一個能在蘋果生態系統中開發出各種 AR 服務的環境。開發人員可以透過 ARKit，使用 Reality Kit、MapKit 等強大的框架，也可以輕鬆使用 Reality Composer、Reality Converter 等開發工具。

　　在這裡，蘋果還在最新的 iPhone Pro 和 iPad Pro 內建了光達。光達是一種空間 3D 掃描器，也是一種主要被用於自動駕駛汽車或機器人的感測技術。光達可以感測行駛路徑上是否有障礙物、有沒

有需要避開的人或物體。光達會以非常快的速度旋轉,並在射出密密麻麻的雷射後,測量被反射回來的反射波,接著利用反射回來的時間和有無反射波,來判斷是否有物體與測量距離。通常光達產品的體積都很大又很精密,但光達也可以利用 MEMS 技術或半導體技術做成小型產品並被應用於智慧型手機或平板電腦。

內建光達有許多好處,特別是因為它在暗處也能快速測量距離,智慧型手機的相機可以快速自動對焦,在夜間也能拍出好照片,而智慧型手機的測量 APP 也能利用它測量距離或物體大小。

在擴增實境中,主要會由兩個系統進行空間辨識,一個是視覺系統,另一個是慣性系統。視覺系統指分析攝影機拍攝到的圖像數據並從中獲得情景資訊的系統;慣性系統則指使用陀螺儀、加速規、雷達或雷射測量數據後進行辨識的系統。

視覺慣性里程計(Visual Inertiald Odometry,簡稱 VIO)結合了這兩種方法。隨著 VIO 能被用於內建光達的智慧型手機,擴增實境夢想的其中一個領域正在取得巨大的進展。這個領域就是室內定位系統(Indoor Positioning System,簡稱 IPS)。雖然 GPS 在衛星訊號無法到達的室內無用武之地,但 IPS 能在室內追蹤位置和活動,並能透過點雲(Point Cloud)或置信圖(Confidence Map)等取得更準確的空間資訊和數據。

這時蘋果剛好收購了一家正在開發室內導航解決方案的英國初創企業 Dent Reality。此外,蘋果主導的室內測繪數據格式(Indoor Mapping Data Format,簡稱 IMDF)還被開放地理空間聯盟(Open

Geospatial Consortium，簡稱 OGC）採納為國際行業標準，因此蘋果應該會加快活用室內空間數據的速度。

就這樣，內建光達的 iPhone 實用價值變得更高了。但蘋果會使用光達，並非僅僅是因為這些原因。準確測量距離和室內定位只是蘋果的可利用情境的一部分而已。蘋果使用光達最重要的原因，其實是為了建立擴增實境生態系統。

蘋果希望能有許多人長時間擷取大量的空間資訊，讓這些資訊累積於蘋果的 AR 生態系統裡。擴增實境必須在現實世界的情景上運作，而唯有讓這個情景轉換為空間資訊，才能夠正常且廣泛利用。蘋果現在只有地圖、GPS 座標和使用者登錄的 POI，而且蘋果其實就連現實世界的數據也都還沒有蒐集齊全，想要映射虛擬數據還有很長的路要走。

雖然不知道今後要花幾年的時間，但如果蘋果要推出 AR 眼鏡，並提供卓越的使用者經驗，就必須先確保充分的空間數據並建立圍繞這些數據的生態系統。這也就是為什麼蘋果會在產品中內建光達感測器。蘋果就是希望使用者利用 iPhone 和 iPad 進行測量、累積空間資訊，先建立一個生態系統。

未來將會有各種 AR App 被發布，而在被智慧型手機擴增的空間裡會產生更多的資訊。這些空間資訊又會更有效地擴增使用者的現實世界，最終形成一個像飛輪般的良性循環。屆時，蘋果推出的AR 眼鏡將會具備有別於以往的擴張性和易用性，變成我們心目中理想的產品。

為什麼 Facebook 要推出 Horizon，
試圖打造虛擬替身的世界？

　　有傳言說，只要成為 Facebook 的員工，Facebook 就會贈送內斯特・克萊恩（Ernest Cline）的小說《一級玩家》（*Ready Player One*）。Facebook 會這麼做，應該是因為他們熱切渴望能穿梭於小說中的世界觀與元宇宙的想像。Facebook 就是如此真心在開發元宇宙，並相信 Facebook 的未來就在元宇宙裡。

　　Facebook 是在網路進化的過程中誕生的，其現在則是在元宇宙中不斷進化。Facebook 正在想像，在遙遠的未來，《一級玩家》裡的綠洲將會成為社群網路的未來。出於同樣的原因，Facebook 早在很久以前就收購了 Oculus 並成立了 Facebook 實境實驗室，眾多開發人員和科學家正在研究該如何前往元宇宙。破壞性創新企業常常會毀滅自己，蘋果在製造 iPhone 並創造出新的生態系統時，摧毀了 iPod 生態系統就是最具代表性的例子。

　　雖然 Facebook 現在有數十億人在使用，但如果新一代溝通平台「元宇宙」登場，使用者就會紛紛離去，Facebook 將只剩下過去

的輝煌。因此 Facebook 正在像蘋果一樣，竭盡全力試著在元宇宙裡建立新一代社群網路。

Facebook 做的第一個嘗試就是在 2016 年公開名為「Oculus Room」的概念。使用者可以戴上 Oculus，在 VR 裡創造個人空間，在那裡休息、度過個人時間，或邀請朋友在那裡開派對。但這種以使用者的房間為中心展開社交的功能並未引起太大的反響。這是因為已經有許多 VR 應用程式使用了與房間概念類似的介面，因此並不新鮮，而且要變成社交網路也存在著局限性。最後，Facebook 決定不將其當作獨立的服務，而做成開發者 API，讓開發人員能輕鬆地在 Oculus 開發應用程式的房間介面。

2017 年，Facebook 做了另一個新的嘗試，那就是發布測試版的 Facebook Spaces。馬克・祖克柏稱其為社群 VR，並親自演示了各種情境。在這裡，最重要的概念是空間介面（Spatial Interface）。有別於電腦螢幕中有規則、有連貫性的平面空間，社群 VR 會提供使用者名為「空間」、更高層次的情景，使用者則會在這個空間與其他使用者交流、創作或消費內容。因此，開發這一切活動運行的基礎，也就是「介面」非常重要。

Spaces 將介面設定成了虛擬桌子，只要使用者登入，就能以這張桌子為中心邀請三位好友，並與好友們圍著桌子聊天、玩遊戲、進行互動。這張桌子可以瞬間移動到這個世界的任何地方，使用者們可以一起到巴黎的香榭麗舍大道來趟法國之旅，也能到阿爾卑斯山白朗峰欣賞美景、度過時光。但 Spaces 仍存在著空間限制，因此

難以滿足使用者的各種需求，例如使用者就無法以各種方式與更多的使用者進行互動。此外，使用者光是要和 50 或 100 人見面都有困難，其世界觀還沒有大到能應用於各種情境。

2020 年，Facebook 更積極地在元宇宙領域展開了挑戰。首先，Oculus 品牌只留下了 VR 頭戴式裝置，所有與社群 VR 有關的服務都移到了 Facebook 品牌下。Facebook 的虛擬世界開發者大會 Oculus Connect 則從第七屆開始改名為 Facebook Connect 7。Facebook 開始努力讓大眾意識到元宇宙不再只是一個局限於 Oculus 的世界，而是 Facebook 正在展望的未來。

之後，Facebook 發表了新服務「Venue」的測試版，將 Spaces 缺乏的各種要素加到了活動空間。可以讓使用者們聚在一起看表演和電影、與朋友們聊天、結交新朋友並能讓數十個人一起開會的空間介面的範圍從以桌子為中心，擴大到了能夠移動的活動空間。

但由於 Facebook 當時還有在開發於 Oculus Connect 6 發表的新服務「Horizon」，比起通用的社群網路，Venue 應該會偏向開發成能讓使用者們一起享受特定活動的垂直解決方案。

實際上，有別於 Horizon，Venue 由 Facebook 的 NPE（New Product Experiment）團隊負責。Venue 是一個能讓使用者們一起觀看納斯卡（NASCAR）賽車、進行交流的粉絲社群服務應用程式。它不但比 Twitter 方便，還能讓使用者在看體育競賽時更有臨場感。作為第二螢幕應用程式，Venue 正在進行各式各樣的實驗。

2020 年 7 月，Facebook 推出了虛擬替身系統。虛擬替身系統提供各種外觀、造型、服裝，讓使用者能做出心目中的虛擬替身。只要做好虛擬替身，就能將其用作貼圖，甚至在發文時也能使用擺出各種姿勢、露出各種表情的虛擬替身。筆者身邊也有很多人在使用這個虛擬替身，而讓筆者感到神奇的是，這些虛擬替身越看越像本人。

　　由於 3D 虛擬世界與現有社群網路服務所處的空間不同，我們需要適合這個新空間的虛擬分身，而我們可以推測 Facebook 推出的虛擬替身功能，是為了分析人們喜歡什麼樣的虛擬替身，並比較使用者做出來的虛擬替身和其過去上傳到 Facebook 的照片。

　　也就是說，Facebook 透過推出虛擬替身功能，建立了一個巨大的數據庫，來掌握使用者是喜歡盡可能做出長得像自己的虛擬替身，還是有其他喜歡的要素。如果活用這些數據，就能將虛擬替身系統改良得更精細、更能滿足使用者的需求。Facebook 是一種使用者基於現實世界中的身分與信任網路，進行連結與交流的社群網路服務，因此其有必要確認長得像卡通人物的虛擬分身是否會被使用者們接受。

　　2021 年，Facebook 於在線上舉行的 SXSW 上發表了將用於 Horizon 的新概念 3D 虛擬替身系統，據說這個系統能讓使用者做出長得超像本人又能給人好感，還能高度展現出使用者的特徵和表情的虛擬替身。這個系統應該高度利用了至今為止透過 Facebook 的虛擬替身收集到的數據。此外，因為要處理成 3D，Facebook 應該在技術方面反映了諸多考慮事項，以避免造成計算上的負擔，但又能讓使用者們進行高度動態的互動。

　　另一件值得關注的事情是這個虛擬替身系統不僅能在 Horizon 中使用，它將會像登入 Facebook 一樣，使用者可以用這個虛擬替身連上 Oculus 裡的各種應用程式和空間。也就是說，Facebook 展現出了其想透過讓 Horizon 裡的身分代表整個 Oculus 虛擬實境中的

身分，提供使用者無縫經驗，從而提高 Horizon 的支配力的野心。

目前，Horizon 處於基於邀請的測試狀態。雖然 Horizon 並沒有承諾何時會正式發布，但綜觀過去的各種情況，其暫時很有可能會持續進行封閉測試。這是因為 Horizon 還有許多需要實驗、確認和改善的地方，而且 Oculus 設備必須變得更普及，才能取得更多數據並得到突破性的發展。

為了避免像《第二人生》那樣，有使用者因為不熟悉系統或無法適應而離去，Horizon 裡面有一個以 AI 運作的嚮導 Horizon Local，會提供使用者幫助，並處理使用者之間會發生的問題。Horizon 裡還有安全區（Safe Zone）。使用者可以選擇靜音，並做出一個能讓自己安全脫離其他使用者的即時區域（Instant Zone），以便隨時隨地都能進入安全地帶。此外，Horizon 裡有一個巨大的城市，未來將會有許多東西被使用者們創造出來。

　　由於 Horizon 的使用者將與 Facebook 使用者的個人檔案相連，現實世界、由數位構成的現實世界的生活紀錄和與此相關的虛擬世界將合而為一。使用者將同時存在於三個情景，而這三個世界將圍繞著同一個時間軸轉動。對 Facebook 來說，最大的挑戰與機會說不定就是當 Horizon 和 Facebook 連動時獲得的使用者經驗和互動將能創造出多大的協同效應。但 Facebook 也有可能會因為這個挑戰過於困難，而決定獨立運行 Facebook 和 Horizon 這兩個世界。

　　我們將能在 Horizon 裡某家風景優美的咖啡廳與 Facebook 的好友見面，共度只屬於兩人的愉快的聊天時光，也將能和朋友們聚在一起玩遊戲或去陌生的空間旅行。我們不需要簽證、護照或機票，就可以前往 Horizon 裡的任何地方。而且只要我們有心，我們還能建設或製作東西。在 Horizon 裡，街上將會到處都是各大企業的展示櫃和品牌商店，就算不標明是廣告，使用者也能穿梭於看起來有趣無比的空間，參加並體驗各種活動。

　　由於在這個空間裡，使用者的資訊和個人檔案會很自然而然地被分享，Horizon 很有可能會成為企業們的新行銷平台。我們將能和朋友們一起看電影、看演唱會；也將能離開城市，在大自然中露營、看著營火發呆；就算不會游泳，我們也能潛入海裡，觀賞神奇的魚類游泳的姿態；孩子們則能在這裡上學和上課。

　　如果我們能在 Horizon 裡飛到因為新冠疫情而無法去的地方，那 Horizon 裡將有可能出現新型態的旅行社和服務業；如果可以在這裡將 Facebook 的 Libra（後改名為 Diem）用作貨幣，那將會形成

一個巨大的虛擬經濟。《機器磚塊》的玩家以後可能會變成早上到《機器磚塊》工作、下午去 Horizon 上班，到了晚上才下班回到現實世界。國際會議或大會則有可能改在 Horizon 裡舉行。聯合國或世界衛生組織將能在這裡設立事務所，促進國際社會在新的數位人權等權力方面的合作；同樣地，反對環境汙染的綠色和平組織也將能在這裡設立事務所、發起環境運動或示威遊行。

就像《第二人生》鼎盛時期那樣，電視台和媒體將能 24 小時在 Horizon 裡取材、採訪在這裡發生的事，並同時在兩個世界進行報導。如果成千上萬個想像能在 Horizon 裡化為現實，那使用者待在 Horizon 裡的時間將會超過待在 Facebook 的，甚至會開始有使用者更常在 Horizon 裡上 Facebook 發文，而不是在現實世界發文。

雖然這一切都還是只是想像，但應該不會和 Facebook 夢想的 Horizon 有太大差異。根據 Horizon 將擁有什麼樣的空間介面、將如何讓使用者互動交流、將如何讓社群能在這個世界持續發展下去、將如何建立一個具有強大激勵及獎勵機制的虛擬經濟，Facebook 可能會迎接截然不同的未來。因此對 Facebook 來說，讓現在其所描繪、開發的 Horizon 從已經歷試錯的無數個元宇宙中吸取教訓，並深入探討與本質有關的問題，將會是非常重要的課題。

Facebook 的 Project Aria

在 Facebook Connect 7 大會上，Facebook 宣布 Facebook 實境實驗室即將展開「Project Aria」。當時，Facebook 實境實驗室的副總裁安德魯‧博斯沃思（Andrew Bosworth）和研究負責人麥可‧亞伯拉什（Michael Abrash）透過主題演講，非常詳細地分享了他們的願景和需要解決的問題。其實，Facebook 實境實驗室雖然始於 Oculus 團隊，但它的規模現在已擴大到占整個 Facebook 20％左右，變成了一個正被投入大量人力和支援的組織，目前正在負責所有 AR 與 VR 事業。

因為有承接 Oculus 的成果並在推出頭戴式裝置 Quest 2 後獲得強大的動力，Facebook 正信心滿滿地在研發 VR，但 AR 領域仍存在著許多未知數。Facebook 和蘋果一樣，雖然很清楚 AR 是應用範圍非常廣且具有重大影響力的技術領域，但不得不承認現在還存在著許多困難和局限性，要斷言什麼時候能做出成品還為之過早。但 Facebook 還是展現出了這只是時間問題，AR 技術終究會滲入到我們的日常生活裡，因此也正在全力以赴進行研發的態度。

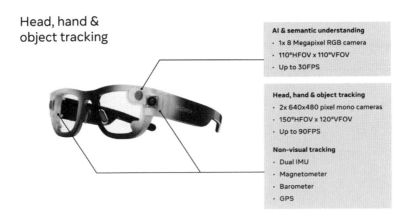

AR 眼鏡是最難開發與解決的其中一個領域，因此 Facebook 正在內部執行一個研究計畫，那就是 Project Aria。Project Aria 負責研究 AR 眼鏡、頭戴式裝置、手環等設備的各種技術，而 AR 眼鏡原型的組成要素有一個用來辨識外部情景的 800 萬像素攝影機、具有 110 度視野的顯示器、用來追蹤眼睛動線並辨識臉部的兩個內部攝影機、GPS、陀螺儀和加速度感測器。

麥可・亞伯拉什表示，這個原型是研究用原型，而不是消費產品的原型，Facebook 的工程師們會戴上 Aria 全面收集數據，盡可能找出所有問題與需要解決的情況，並提出解決方案。麥可補充道，由於目前還沒有確定發展方向，因此這將會是一個非常重要的計畫。估計 Facebook 會收集與攝影機拍攝有關的隱私權問題、電池的易用性、網路連結性的持續性、與座標數據有關的標記資訊的有用性、需要使用者經驗的事件等數據。麥可也表示 Facebook 正

在與著名的太陽眼鏡製造商雷朋合作，以解決穿戴式裝置的局限性和時尚方面的價值。

　　麥可·亞伯拉什還發表了開發擴增實境時相當重要的一個概念「直播地圖」（LiveMaps）。直播地圖指存在於現實世界之上的多層資訊堆疊，麥可強調為了做到精準的情景認知與物件映射，這是不可或缺的技術。他定義現實世界主要由三個層構成：第一個是位置層（Location Layer），其由從 GPS 或基於位置的感測器獲得的準確座標構成；第二個是索引層（Index Layer），其包含構成現實世界的各種物件的情景；最後一個是有人和活動的資訊在這之上即時更新的內容層（Content Layer），而現實世界就是由這三個層疊起來的堆疊（Stack）。

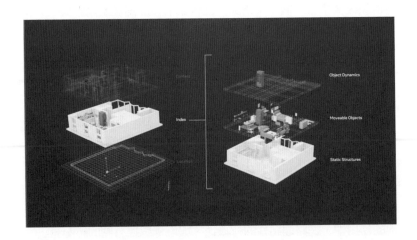

　　麥可表示，在這三個層當中，索引層尤為重要，它會將建築物、固定的裝置、會移動的物件和這些物件變動的狀態值當成一體來認知，而這需要從使用者那裡收集到的龐大數據。其實，為了開發這個直播地圖，Facebook 正與卡內基梅隆大學的認知輔助實驗室（Cognitive Assistance Lab）共同在某個特定地區進行研究。

　　為了加速這個領域的開發進度，Facebook 正在大膽地進行收購，例如 2019 年收購的 CTRL-Labs [11]，2020 年收購新加坡的 Lemnis Technologies [12]、瑞典的 Mapillary [13]、Scape Technologies [14]，都是 Facebook 為了建立擴增實境生態系統而做的長期布局。

　　CTRL-Labs 是一家研究神經介面的科技初創企業，其開發了一種可以利用手環測量腦電圖（EEG）、肌電圖（Electromyography），並將肌肉的電信號用於輸入設備的技術。Mapillary 則是一家能從街景圖提取地圖資訊並進行改善的初創企業。Lemnis Technologies 擁有基於可變焦距鏡頭技術、能大幅解決 Oculus 頭顯和 AR 眼鏡光學特性的潛在技術。Scape Technologies 則是一家可以將相機拍到的圖像處理成電腦視覺後，將更準確的位置資訊與 GPS 資訊結合的英國初創企業，其開發了視覺定位服務（Visual Positioning Service）。它曾經因為提供現場服務而備受關注，Facebook 低調地收購了這家公司。

　　如果能成功將這些公司的技術應用於 Oculus Quest 系列的產品或新的 AR 眼鏡，那 Facebook 將會成為能解決許多技術上的限制、走在更前沿的領頭羊。

輝達夢想的未來

　　輝達（NVIDIA）原本是一家在 PC 時代主要從事製造顯卡的企業。自 1993 年 AMD 的前工程師黃仁勳（Jensen Huang）創立以來，輝達便不斷開發 GPU，後來還開發出了高性能的 AP Tegra，其被用於媒體播放器、特斯拉、任天堂 Switch Lite 等產品。

　　2010 年代中期，隨著比特幣等加密貨幣熱潮掀起，輝達的銷售額劇增；而隨著自動駕駛汽車和 AI 相關產業發展，GPU 的應用領用增加、性能也飛速發展，輝達成了成長最快的企業之一。在這樣的增長趨勢下，2019 年 3 月，輝達耗資 70 億美元收購了訊達電腦（Mellanox Technologies），藉此獲取了高性能網路技術，並成了伺服器和數據中心市場的強者。

　　2020 年，發生了歷史性的事件。那就是輝達斥資 400 億美元，向軟銀收購半導體 IP 設計公司安謀（ARM），進行了半導體業界史上規模最大的一筆交易。

　　由於安謀經營的事業是將處理器的 IP 授權給全球 1000 多家企業以賺取權利金，因此如果作為顧客的輝達收購安謀，將有可能

損害中立性，引發壟斷問題。輝達要得到最終批
准，估計會面臨諸多阻礙。如果輝達成功收購安
謀，那其將有望蛻變為能與英特爾、AMD 匹敵的
強大企業，並能整合設計 CPU 和 GPU。

　　而這樣的輝達正抱著更大的夢想。2020 年 10 月，黃仁勳在
GTC 大會（GPU Technology Conference）的主題演講中以「元宇宙
即將來臨」（The Metaverse is Coming）這句話作為開場白，並提到
「新時代正在揭開序幕，而輝達就在這個新時代的中心」。

　　若元宇宙時代來臨，那幾乎所有的數據都會需要透過雲端移
動、累積、計算，這時候會用到輝達的 GPU。VR ／ AR 裝置將變
得和智慧型手機一樣普及，到時候也會用到輝達的 GPU。若要讓
元宇宙能毫無阻礙地持續運轉，那幾乎各方面都需要用到 AI 和機
器學習，這時同樣會用到輝達的 GPU。若要讓元宇宙內的生態系
統和經濟持續運行，就必須要有虛擬經濟及區塊鏈作為基礎，因此
我們仍然會用到輝達的 GPU。

　　簡單地說，黃仁勳展現出了遠大的抱負和自信，認為在元宇
宙的根基和元宇宙持續擴張與發展的過程中，輝達的技術都將成為
核心。這並非無稽之談，因為數據已證實了實際上就是如此，相關
技術也都在逐漸朝著臨界點發展。

　　為了迎接新時代，輝達推出能用來虛擬協作和即時模擬的開
放平台「Omniverse」。Omniverse 本身與元宇宙的概念無關，單純
是一個輝達的平台品牌，但屬於元宇宙範疇的即時虛擬協作和數位

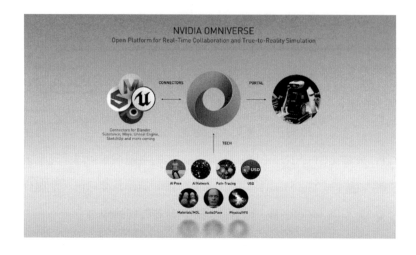

學生等領域也可以透過此平台獲得強大的性能和生產力。此外，這個平台還能被應用於媒體、娛樂、建築、製造等各種領域。

可以肯定的是，構成面向虛擬世界的元宇宙的核心技術和應用領域將進一步發展與擴張，輝達的 Omniverse 將會以強大的平台為中心，在元宇宙擴散的過程中發揮重要作用。

《要塞英雄》吸引數千萬名玩家的原因

　　《要塞英雄》是由深受 3 億 5000 萬名玩家喜愛的 Epic Games 於 2017 年開發的遊戲平台。在玩家與玩家對戰（Player vs. Player，簡稱 PVP）的大逃殺遊戲中，除了《英雄聯盟》與《絕地求生》外，還有《要塞英雄》這款代表作。

　　現在《要塞英雄》新增了兩種模式，讓玩家能以各種型態享受遊戲。《要塞英雄：守護家園》是 PVE（Player vs. Environment）遊戲，玩家必須與電腦系統控制的怪物戰鬥；若進入創意模式（Creative mode），玩家可以親自蓋房子或製作遊戲，我們可以想成是《要塞英雄》套用了類似《機器磚塊》的概念。

　　《要塞英雄》是目前全球最受歡迎的遊戲之一，2019 年 Netflix 在一封致股東的信函中提到《要塞英雄》是其最大的競爭對手，全世界因此意識到原來《要塞英雄》並不是只作為遊戲受到歡迎。實際上，每天上線玩這款遊戲的日活躍用戶高達 3800 萬，而且玩家平均每天都會花 2.5 小時在《要塞英雄》上。據說，美國 40％的十幾歲青少年上線時不僅會玩遊戲，還會和朋友們交流、玩

資料來源：forbes.com[3]

耍、消磨時間，而《要塞英雄》正扮演著一個社群網路的角色。

《要塞英雄》明明不是在屬性上具有元宇宙特徵的 MMORPG，卻正在構築出一個更特別的元宇宙世界。2020 年 5 月，《要塞英雄》新加入了「Party Royale 模式」。

在 Party Royale 模式，玩家不需要拿起武器戰鬥，而是能與朋友們享受賽艇等運動或輕鬆的遊戲，玩家還能在設有大屏幕的圓形劇院觀看表演，或在公園散步。位於市中心的廣場在《要塞英雄》裡發揮著社群的作用，玩家們可以聚在這裡交流。在主舞台上，玩家們可以參加社交派對和各種活動。《要塞英雄》透過打造一個不允許進行戰鬥的和平區域，為玩家們提供了戰鬥遊戲就算不戰鬥也能玩得很開心的經驗。

在新增 Party Royal 模式前，Epic Games 早就已經察覺到了其潛力。2020 年 2 月，DJ Marshmello 在《要塞英雄》裡的 Pleasant

Park 舉行演唱會就是這一切的起始點。當時足足有 1070 萬人參與、享受了這場演唱會，創下了線上活動參與人數最多的紀錄。兩個月後的四月，這個紀錄再次被打破。由於新冠疫情猖獗，饒舌歌手崔維斯・史考特（Travis Scott）無法舉行新專輯《Astronomical》的發行紀念演唱會，最後他決定在《要塞英雄》花三天的時間舉辦五場演唱會。

在這五場演唱會期間，高達 2770 萬名玩家參與了演唱會 4580 萬次，觀眾最多的一場甚至同時有 1230 萬名玩家同時連線、享受演唱會，創下了史上最高紀錄。雖然《要塞英雄》未公開其收入，但演唱會期間僅 Spotify 的音源銷售額就超過 30 萬英鎊，因此其規模應該非常巨大。

這兩場歷史性的演唱會結束後，《要塞英雄》終於正式加入了 Party Royale 模式，並且透過不定期舉辦各種演唱會和參與型活動，繼續地發展成真正的元宇宙。

　　在《要塞英雄》裡，玩家可以用遊戲裡的貨幣 V-Bucks 購買道具或武器，也可以去看演唱會或參與活動。玩家需要在現實世界中購買戰鬥通行證（Battle Pass）或 V-Bucks。現在，由於《要塞英雄》加入了創意模式，玩家也可以出售自己做的物品或遊戲進行交易，因此我們可以說《要塞英雄》的世界裡開始有虛擬經濟在運作了。雖然目前尚無法兌現，但如果 Epic Games 和蘋果之間的平台收費問題得到解決，那《要塞英雄》將會和《機器磚塊》一樣，發展出更成熟的經濟系統。

在元宇宙舉辦火人祭的原因

　　火人祭是一年一度會在美國內華達州的黑石沙漠舉辦、為期九天、全球最大的社群兼慶典。自 1986 年開辦以來，火人祭一次都沒有停辦過。火人祭會在內華達州的沙漠建造一座「黑石城」，7 萬多名火友會聚在一起，在遵守十項原則的條件下，穿梭於自由與創造、創新與變化、靈魂與純潔、音樂與藝術等，開闢了這世界上最沒有界限的天地。

　　火人祭就像一個延續了 30 多年的盛大儀式。這裡會有 1000多個裝置藝術作品和移動的藝術車，無數名火友會在數千個營地和村莊相遇、結識、聯繫。來自矽谷的創業家和創新者、來自世界各地的藝術家會聚在一起討論破壞性創新和新想法，並進行巨大的實驗。但就連這個火人祭也沒能逃過肆虐全球的新冠大流行的魔掌。為了參加火人祭，火友們必須搭飛機，到了現場又會與數十、數百人聚在狹小的空間，而且每天都會與數千名火友交流、見面，因此不能舉行火人祭是很當然的事。

　　火人祭總部在向火友們宣布將在虛擬世界舉辦火人祭後，開

始煩惱起了要如何將火人祭巨大的世界觀搬到虛擬世界裡。

這不是一件容易的事情。原本數萬名火友會聚在一個遼闊無比、環境特殊的沙漠中，同時穿梭於各個角落，享受數千種不同的經驗。而要在線上重現這樣的火人祭令人難以想象。因此，火人祭總部決定不設任何限制。火人祭總部允許只要是能舉辦火人祭的虛擬世界，都能舉辦火人祭，並決定將所有的虛擬世界連結在一起，稱其為「多重宇宙」（Multiverse）。

2020 年火人祭的主題也因此被定為「多重宇宙」。由於沒有人知道就連在物理空間舉辦也能發揮無限想像力的「火人祭」被搬入虛擬空間會再激發出什麼樣的想像力，火人祭總部決定除了基本規範外不設任何限制。就這樣，九個多重宇宙同時開啟了進入火人祭的入口：（1）BRCvr（AltspaceVR 裡）、（2）MultiVerse、（3）SparkleVerse、（4）MysticVerse、（5）Build-A-Burn、（6）Ethereal Empyrean Experience: Temple 2020、（7）The Infinite Playa、（8）BURN2、（9）The Bridge Experience。

沒有任何一個虛擬世界可以代表全體，每個虛擬世界都有各自的風格和特色。有的世界必須戴上 Oculus 的 VR 頭戴式裝置才能進入，有的世界則能從電腦的平面螢幕進入，火友們能以各種形式與其他參加者們相見。除了有在微軟的 AltspaceVR 裡建立的 BRCvr 外，還有工程師們自己打造的虛擬世界，而《第二人生》雖然沒有舉辦火人祭，但在裡面建造了一座黑石城。

　　進入虛擬世界，就會看到有許多志工和藝術家製作的 3D 雕塑及裝置藝術品，同時也會看到有火友在那附近聊天或跟著音樂跳舞。每個虛擬世界都會以自己的方式做出虛擬分身和營地，並配合火人祭的行程舉辦焚燒巨大人形木像的活動。

　　元宇宙發揮了相當重要的作用，讓無法在線下聚集的火友們，仍然能追求全新的想像力與增添世界觀的多樣性。

　　當然，元宇宙所提供的體驗無法與在沙漠中舉行的火人祭相提並論，也比較不容易擦出驚喜的火花。想要在線上體驗到與他人面對面交流時會有的感受，以及在塵土飛揚的沙漠中，神奇的大自然帶給我們之難以言喻的經驗是不可能的。更重要的是，火友與火友在線下的火人祭相遇後產生的火花，以及那開放的世界所帶來的開放思想與包容性，這些並不常在虛擬世界裡發生。

　　不過，在元宇宙舉行的火人祭本身就具有重大意義，這個經

驗使區塊鏈、虛擬實境、AI、認知科學等尖端技術，得以在火人祭經歷未來必須進行的種種實驗。將來，就算新冠疫情結束，火友們終於能夠齊聚於真實的沙漠，勢必也會再次在世界各地開啟從虛擬世界通往那片沙漠的入口，並進行新的實驗，創造出一個現實世界與虛擬世界之間不再有界限、進一步被擴張的元宇宙。

微軟發表 Mesh 的原因

　　微軟在推出名為 HoloLens 的擴增實境裝置後，相當一段時間都將擴增實境視為計算的未來，並為了主導這個市場，毫不懈怠地進行投資、付出了努力。但由於硬體和作業系統、平台和開發者社群垂直並靈活運作的生態系統建立起來並不順利，因此進展速度緩慢。再加上由於 HoloLens 的硬體性能與使用者經驗不足、生態系統擴張起來困難重重，微軟雖然推出了經過改善的 HoloLens 2，但依然存在著局限性。

　　微軟每年都會主辦各種與技術相關的大會和活動，其中，Ignite 是一個以技術為中心、會有許多開發人員參加的大會，而 Ignite 2021 和其他活動一樣改在線上舉行。已經完全轉換成以雲端為中心的微軟，展現出了其不僅將拓展雲端事業，還打算打造一個更大的生態圈的願景和方向。在本次活動中，混合實境雲端平台 Mesh 受到了人們的注目。微軟的混合實境技術研究員亞歷克斯・基普曼與薩蒂亞・納德拉（Satya Nadella）以「微軟對混合實境未來的展望」（Microsoft's vision for the future of Mixed Reality）為主題發表了演講，可見微軟正在把元宇宙當作用來押注雲端未來的一大機會。

　　Mesh 是在微軟的公用雲端服務平台 Azure 上運行，解決了多設備環境相關問題的平台，其核心是讓 HoloLens 一類的 AR 裝置、Oculus 一類的 VR 裝置、智慧型手機和 PC 等各種設備能即時同步化，並讓位於不同地點、擁有不同使用者經驗的使用者們能在同一個虛擬空間無縫互動。在發表主題演講時，微軟就讓使用 Oculus Quest 連上 VR 社交平台 AltspaceVR 的參加者們的虛擬分身，以及戴著 HoloLens 2、透過 3D 捕捉進行發布的亞歷克斯出現在同一個空間，讓觀眾們見證了混合實境是一個能在日常生活中變得最常見的潮流。

　　而驚喜亮相的導演詹姆斯・卡麥隆（James Cameron）則暢談了自己從長年經驗中感受到的虛

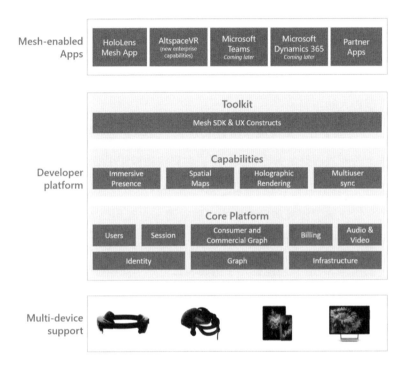

擬實境所具備的說故事（storytelling）的力量和影響力。或許，他
製作電影《阿凡達》時描繪的世界就是他想像中元宇宙的樣子。

　　另外，Niantic Labs 的約翰・漢克表示將與微軟合作，做出得
到進一步發展的 AR 體驗；《太陽馬戲團》的蓋・拉里貝代（Guy
Laliberté）則表示未來將有可能讓觀眾從入口網站進入新的娛樂平
台，充分展現出了其有打算擴增現實、拓展空間、創造新質感的故
事、打造新層次的體驗。

　　隨著新冠大流行肆虐全球，線上協作已完全成了新常態。因

此，微軟在其收購的 AltspaceVR 中加入了企業功能，並提出了連動協作工具 Teams 與 ERP ／ CRM 解決方案 Dynamics 365 的整合方案。這可以看作是微軟計畫在元宇宙擴張版圖，並將 Azure 的覆蓋率提升至最大的布局。

目前要在 VR 環境中複製或分享一個網址並進入連結相當麻煩，若能靈活整合各種環境，那將會更快地被使用者接受並擴散。此外，若能結合各自的優點，那將能最大限度地提高效率和生產力。從充滿沉浸感與現實感的虛擬空間、空間和位置資訊、3D 空間表現和投影，到多重使用者之間的無延遲同步化等，微軟建立了一個透過 Mesh 平台連動元宇宙與現實世界，並擴張版圖到商業領域的宏大計畫。我們可以謹慎推論出，微軟不僅打算將原本在 PC 市場享受的支配地位擴張到雲計算市場，還打算擴大到元宇宙市場。

全數位 CES 2021 與 SXSW 2021 的差異

　　每年一月初，都會有數千家企業齊聚美國拉斯維加斯，參加全球最大的展覽活動——CES，展示即將引領未來一年的技術與策略性產品或服務。

　　CES 每年吸引近 20 萬人參加，在為期一週左右的展出期間，會有許多展覽和會議在拉斯維加斯的各個地方舉行。其中，跟上時代腳步參與 CES 的汽車企業多到不禁會讓人聯想到車展，這些汽車製造商會展示諸如電動汽車或自動駕駛技術等，已成為電子產品的汽車產業的未來。此外，在 CES 也有更大更清晰的顯示器、創新產品和便利的智慧型家電上市，所以就算每天都要走上好幾萬步，仍然有許多人特地來到現場。由於展場面積太大，大部分參觀者還沒看完所有產品活動就會結束，光是一場 CES 就能創造出巨大的經濟規模和效應。

　　2021 年，由於新冠大流行的關係，如此有影響力又備受矚目的 CES 無法在線下舉行。由於疫情持續了一年多，人們還是無法群聚或隨意移動，因此主辦單位美國消費者技術協會（Consumer

Technology Association，簡稱 CTA）決定以全數位（All Digital）的方式舉辦 CES。雖然從未嘗試過，但因為是唯一一個能嘗試的方法，因此 CTA 嘗試與微軟合作，並在 Teams 舉辦了 CES 活動；不過，受到線上特性的影響，整個展覽變成以會議為主，最重要的展示和社群功能只是做作樣子而已。

通常，在線下舉辦的 CES，比起參加會議，大部分的參觀者更願意把大量時間用來體驗現場舉辦的活動和展出的產品，並且會在各個展位與專家或負責人交流、提問，以了解未來一年的技術發展方向和產業動向；但是在線上這些功能幾乎都沒有被實現。

儘管 CTA 付出了很多努力，由於沒有如同往年那樣受到熱切關注或引起話題，CES 最終只能以低迷的成績收尾。活動結束之際，CTA 總裁蓋瑞・夏皮羅（Gary Shapiro）多次強調，2022 年的 CES 一定會在拉斯維加斯現場舉辦，並主動承認其充分感受到了線上活動存在著各種局限性與困難。

在線上舉辦 CES 行不通的原因有好幾個，其中最主要的就是「展示和社交本質上很依賴空間」這個事實。空間裡存在著規模和氛圍，並會在人們的互動下產生活力與熱度，但在線上舉辦的 CES 卻沒有這一切，參觀者只能透過單向接收資訊和無趣地點擊畫面來享受活動，雖然參觀起來比較容易，所需的花費與時間也比較少，參觀者們卻未能在這個線上活動久留。大部分的參觀者只對能夠快速確認想看的內容感到滿意，並對只能從各家企業在主題演講發表的內容來了解整個活動感到非常可惜。

　　由於 CTA 從準備階段開始就宣布不會應用 AR 或 VR，這場枯燥乏味的活動最終得到的經驗只有「未完成的挑戰」。活動結束後，參觀者們都發現自己在活動期間幾乎沒有拓展新的人脈，得到的只有郵箱裡滿滿的行銷信件。

　　除了 CES，每年三月還有另一個年度盛典，即舉辦在美國德克薩斯州奧斯汀的 SXSW。SXSW 每年都會有數十萬人參加，就技術、藝術、音樂、電影、教育進行大型且主題多樣的討論，是一個歷史相當悠久的活動。與此同時，各大參展方，例如 Twitter 或 Foursquare，也會在奧斯汀舉辦各種活動，SXSW 也因此受到了矚目。筆者還清楚記得，2020 年幾乎所有活動都因為新冠疫情取消時，SXSW 仍堅持將在現場舉辦活動，但活動最後在開始的前一個禮拜宣布取消，我不得不支付機票和飯店的取消手續費。

　　SXSW 2021 早早就宣布會在線上舉行，並花了許多時間與心思籌備。由於意識到 CES 的線上活動未能順利舉行，主辦單位花了更多的心思。SXSW 不僅直播了會議和表演，還與 Swapcard 平台合作、建立了活動網站，以彌補線上展覽缺乏的社交與展示功能。此外，SXSW 不僅以 XR 為主題舉辦了許多會議，還透過「虛擬電影計畫」（Virtual Cinema Program），讓參觀者能在 VRrOOm Store 下載並觀看電影、競賽和焦點節目，提供了參觀者沉浸感十足的體驗。

資料來源：xrmust.com（下）[4]

　　主辦單位還在 VR 社交平台 VRChat 內建立了一個虛擬活動展場，讓參觀者能在內部與其他參觀者交流、參觀展覽、觀看展示，其嘗試了加強互動、存在感（Presence）這種線上活動較弱的部分的新鮮實驗。這裡所說的「存在感」指在某個虛擬空間時，感覺被同化到虛擬空間裡的知覺上的真實感，這與我們常說的「臨場感」有些微的差異。

　　總的來說，SXSW 取得了兩項成果。

　　（1）首先，在新冠疫情持續蔓延的環境下，考慮到活動本

身具有以內容、電影、藝術、展覽、音樂等為主要主題的性質，SXSW 主動在新的媒體環境進行了各種能在線上進行的實驗，並找到了能引起共鳴的共同發展方向。

（2）由於獲得了能讓枯燥無味的線上活動變得豐富多彩、有互動性的經驗值，SXSW 可以說是一個讓我們了解到今後數位技術與各種領域能如何相結合的參考範例。雖然尚有不足之處，這個活動能夠讓我們了解有哪些部分需要解決或改善，SXSW 帶給了我們相當有意義的過程與結果。

Zoom 能成為元宇宙嗎？

Zoom 無疑是因為新冠大流行而成長幅度最大的服務。就算無法出差、上學、上班，人們仍然可以利用 Zoom 開會或上課。這段期間，全球各國都經歷了類似的情況，由於無法外出，人們不得不在家裡做各種事，家因此變成了新的辦公室、教室、健身房。

幸虧所有人都能在線上互相聯繫，因此就算新冠疫情爆發，我們仍然能夠進行交流，繼續過我們的日常生活。這段期間，包括 Zoom 在內數不清的視訊會議服務、線上會議服務、協作工具因此有如雨後春筍般湧現，人們的工作、學習、生活方式正在發生變化。

在新冠疫情最猖獗時，Zoom 以驚人的速度翻倍成長，其規模不但超過了美國七大航空公司的總市值，甚至一度創下了超過傳統 IT 巨頭 IBM 總市值的紀錄。雖然其成長速度隨著新冠疫苗問世，生活看似有可能恢復正常而趨緩，但對 3 億名用戶來說，Zoom 已經成了不可或缺的服務。

其實，除了 Zoom 之外，還有許多視訊會議軟體，像是 Skype、Google Meet、Microsoft Teams、Cisco Webex，但唯獨 Zoom

被萬眾所選，其不僅成長速度快，到現在都還是有許多人喜歡使用這項服務。會有這樣的結果，自然有它的原因。就像過去無數家 AR 與 VR 等企業會成功或失敗都有它的原因一樣，Zoom 具有讓顧客選擇使用的某種價值，而且 Zoom 的還更加特別。

　　人們需要溝通或開會時，並不是只有 Zoom 這項服務可以使用，Zoom 之所以會被眾多用戶選擇，是因為 Zoom 可以讓用戶們不受次數限制進行 40 分鐘的會議，而且具有開放性。就算不支付費用，只要簡單加入會員，就能主持會議。此外，Zoom 不但不會強制要求用戶事先輸入信用卡資訊，而且還允許 100 人免費參加會議。如果有更多人需要參加，只要主持人一個人支付所需費用，其他參加者就能自由參加線上會議，不受時間限制。此外，就算不安裝用戶端軟體，用戶也能使用基本功能，而且不管是智慧型手機，還是 Windows PC、Mac，所有的硬體設備都能連上 Zoom。

　　這是任何服務平台都必須具備的基本條件，也與火人祭追求的價值「澈底包容」（Radical Inclusion）相似。Zoom 提供了一個任何人都不會受到差別待遇並且能輕鬆上線、溝通、交流的工具。雖然其他軟體後來匆匆跟著提供了免費、沒有時間限制、支援各種設備的服務，但要讓已經習慣 Zoom 的用戶改用其他軟體早就來不及了。值得注意的是，這個原理在元宇宙也適用。

　　成功的服務都有著類似的基本功能。Facebook 支援所有的設備和瀏覽器，而最近受到關注的虛擬空間協作應用程式「Spatial」也幾乎支援所有的設備和瀏覽器。讓用戶能輕鬆以自己喜歡的方式

或已在使用的方式進入同一個空間，是開發連結平台時極為重要的一點。因為對受邀而首次訪問的用戶來說，進入門檻有多高是一大問題，而對準備、主持會議或活動的用戶來說，要在哪裡進行也是一大問題。

但這並不是全部。第二重要的原因是內在價值。視訊會議工具的內在價值取決於溝通、進行視訊會議起來有多方便、多順利。Zoom 的主持人擁有強大的權限，為了讓會議能順利進行，主持人可以指設定聯席主持人，分享畫面和資料的方法也相當簡單。在會議期間，主持人管理與會者、和與會者溝通，指定發言者的方法也很方便。如有需要，還可以錄製與分享會議內容。多虧了有這些方便的功能，大部分的 Zoom 會議都進行得很順利。

另一方面，Google Meet 雖然能免費使用，但其所提供的調節（Moderation）和主持功能較少。Cisco Webex 則是易用性低、功能不夠細化、很難設定聯席主持人、有人數限制、無法錄製畫面，以及難以管理與會者。

元宇宙服務也一樣。基本上，人們會為了某種目的而聚在一起，而這時會有個主體來主持、營運這個聚會或會議，這些主體在進行活動的過程中會需要進行各種管理和控制。因此，開發商應盡全力開發出能讓與會者輕鬆聚集、溝通、交流的內在功能。如果參與者還需要使用穿戴式裝置或其他設備，那這多出來的一兩個步驟將有可能會變成更大的進入門檻。也就是說，元宇宙服務應該要讓任何人都可以自由訪問，並有管理者的存在。另外，由於用戶們是

出於某種目的進入了這個空間，而且一定會用到各種功能，因此這個空間如果要用起來夠方便，並能讓用戶持續使用下去，開發商就必須開發出一個能提供管理者各種實用功能的環境。

Zoom 就提供了各式各樣的功能來滿足用戶的慾望和需求。由於大部分的用戶都是在家裡或私人空間使用視訊會議軟體，因此畫面中可能會拍到這些空間，比較敏感的用戶會為了讓背景看起來整潔乾淨而花心思去打掃或選擇較好的場所。Zoom 所提供的虛擬背景正好解決了這個問題，用戶們再也不需要擔心會被別人看到居家環境。現在，已經有不少用戶會使用這個功能，將背景改成其他漂亮的空間照片來營造氣氛，或自行製作與活動有關的背景圖，做出像是坐在拍照區前的感覺。

Zoom 也加入了影像處理 AI 演算法，其不但有提供柔膚功能，還能讓用戶戴上太陽眼鏡或帽子，甚至有讓用戶的臉看起來更清晰或進行各種互動的功能。用戶只要專注於準備會議，不再需要忙著化妝或刮鬍子。

其他視訊會議工具到現在都還沒能新增 Zoom 的畫面處理功能。就算有，功能也非常有限。Cisco Webex 就只允許用戶上傳三個虛擬背景，用起來還是不方便，而且因為沒有畫面處理功能，用戶臉上的暗斑和膚色都會被一覽無遺，用戶無法設定成自己想要的感覺，因此有很多用戶是在不得已的情況下使用這些軟體。Zoom 因為早期發生安全漏洞事件，又被認為是中國企業，導致許多企業和公家機關都盡量避免使用這個軟體。若沒有這些問題，應該會有

更多用戶選擇使用 Zoom。

　　在元宇宙裡，與他人見面交流將成為一個非常重要的功能，因此讓參加者看起來比原來的樣子更好、讓參加者擁有強大的能力非常重要。將來，長得像使用者本人但看起來更好、雖然不是使用者本人但能表現出使用者想變成的樣子的虛擬分身，使用者所在的個人虛擬空間，以及使用者在社群裡的等級和能力值都會變得比在 Zoom 更重要，而且會變得更多樣化。

　　Zoom 的最後一個強項，是其提供了各種符合用戶目的和會議規模的社群功能。當大家聚在一起討論到一半，需要分組進行深入討論時，主持人可以自動或手動分組。主持人可以根據目的靈活分組並進行控制。這個功能相當強大，主持人只需要按幾下按鈕，就能夠將參加大會的 500 名與會者分成 50 組、每組 10 人，讓與會者能進行小組討論，並在 30 分鐘後自動把所有人叫回主會議室。Cisco 的 Webex 在一年多後才推出了這個功能，但據說其穩定性不佳，而且經常會發生錯誤。

　　從這個角度來看，虛擬世界具有高度彈性，而且因為能根據社群特徵選擇虛擬環境，其幾乎沒有現實世界中的服務會有的局限性。但由於展現出虛擬世界需要相當大的計算能力，因此目前反而在同時參與人數上存在著局限性，分享同一個空間也有困難。

　　擁有如此強大的功能與 3 億名使用者的 Zoom 是否能進化成元宇宙呢？也許有人會覺得先不論 Zoom 是否有野心想從社群網路發展成元宇宙，Zoom 到現在都還只是一個視訊會議工具，並未發

展成協作工具，做出這種猜測似乎言之過早；儘管如此，Zoom 能發展成元宇宙的潛力和可能性比任何服務都大。無論我們身在何處，只要連線就會與其他人共處於名為 Zoom 的空間裡，我們可以看著別人平面的臉，和對方進行交談或聊天，也可以看著發言人的畫面，聽對方發表或提出問題。現實世界中的我們會進入一個由數位連結而成的空間，而我們可以讓這個世界擴張成社群網路。

　　也就是說，如果能形成一個像俱樂部的空間，讓所有人都可以在裡面逗留、自由自在地徘徊，而且這個空間不再只是一個只有開會時才會存在的臨時性空間，而是形成連結性，能讓用戶們持續在這裡交流、交朋友、參與其他活動的空間，那 Zoom 就會滿足作為元宇宙的第一個條件。

　　當然，Zoom 並不一定要進化成元宇宙。Zoom 只要像現在這樣，維持作為線上視訊會議工具的核心價值，應該就能持續發展下去。然而，使用者的需求和對體驗的慾望可能會增加並進一步發展，因此隨時都有可能會出現能夠取代 Zoom 提供使用者全新體驗、更便利的服務。不過，筆者我還是想像並期待了一下人們在變成元宇宙的 Zoom 裡開會、工作，並與各式各樣的人交流的未來。

第 6 章

元宇宙的核心技術與
需要克服的難關

　　只要在兩隻眼睛前方繪出稍微不同的影像，便能做出三度空間的立體效果。影像每秒切換七十二次，則產生動態感。這樣以兩千乘以兩千畫素解析度呈現的立體動態影像，與肉眼所能辨識的任何畫面一樣銳利。同時不斷透過小耳機傳出的數位音效，更讓所有立體動態影像有了最完美的寫實配樂。

　　所以英雄根本不是真的「在」這個世界裡。他處在一個電腦創建出來的世界中，一個由目視鏡繪出，耳機播放的世界中。以專業術語來說，這虛擬空間稱作「魅他域」。[8]

　　在尼爾·史蒂芬森的小說《潰雪》裡，透過每個鏡片具有 2K 解析度的護目鏡和數位音效耳機連接的電腦構築出來的數位立體影像進入虛擬世界的概念，與 30 多年後的今天如出一轍。我們最近使用的頭戴式裝置的每個鏡片的解析度就是 2K 左右，只有高階版本才會用到 4K 左右的解析度。

　　然而，為了在現實世界中構築出小說和電影裡的世界，需要花費大量的時間和精力。因為我們不但有許多技術需要發展，還有許多易用性的問題得克服。儘管如此，我們邁進的方向並沒有改變。元宇宙正在被構築得更有深度且充滿沉浸感，我們正不斷朝著打破現實世界與虛擬世界之間的界限或使其模糊的未來前進，而能讓這一切化為可能的技術至今也不斷地在進化。

8　參考《潰雪》(開元書印，2008 年)。

　　為了更進一步邁入元宇宙時代，我們必須一一審視技術將往哪個方向發展，現在發展到哪個階段，以及哪些核心技術結合出臨界點時才會開啟一個全新的元宇宙時代。

感測器

　　感測器相當於感覺器官，是最重要的輸入技術。其可以將透過電子偵測到的視覺、聽覺、觸覺、味覺、嗅覺這五感轉換成數位訊號後，傳送到數位世界。除了相當於五感的感測器外，我們還能透過人類開發出來的 400 多種感測器，偵測出環境與情景的變化，並讀出人類的行動與意圖。

　　相當於視覺的圖像感測器能辨識到視覺資訊，相當於聽覺的麥克風能偵測到聽覺資訊（音訊），化學感測器則能感測到嗅覺或味覺資訊。

　　其中，最具代表性的圖像感測器——相機，雖然是被用來拍照與錄影，但也能作為感測器，分析視覺上看到的所有圖像，從而辨識周圍的環境。紅外線深度感測器或光達等感測器屬於「飛時測距」（Time of Flight，ToF）感測器，能發射出數百道光線或雷射，再利用反射回來的時間，準確測量物體的外觀、位置和距離，因此即使在暗處也能非常迅速地辨識環境。這類感測器主要被應用在自動駕駛機器人或自動駕駛汽車上，最近也被搭載於智慧型手機中，

當作 3D 掃描器。

此外，就算是人類的五感無法感知到的範疇，感測器也能進行偵測和測量。氣體感測器可以測量空氣中的一氧化碳或二氧化氮等各種物質的濃度。測量光的光學感測器可以測出水質和空氣中懸浮微粒的濃度。除了測量溫度、氣壓、溼度的感測器，還有可以測量水的酸度或溶氧量的感測器。測血糖或膽固醇等的酶感測器、偵測微生物的感測器、免疫感測器等生物感測器可以用來測量身體的變化，其正被應用於製藥與生物科技產業。

我們平常使用的智慧型手機裡也搭載著許多感測器，例如辨識周圍亮度來調整螢幕亮度的環境光感測器、臉靠近手機畫面就會自動關閉螢幕的近接感測器（Proximity Sensor）、偵測方向的電子羅盤方向感測器、接收衛星訊號來偵測當前位置的 GPS、辨識指紋的掃描器和辨識人手的觸控感測器。

感測器還能用來準確辨識我們想辨識的訊息並傳送該訊息。舉例來說，陀螺儀和加速度感測器就能辨識我們想辨識的動作和震動，來分析我們一天走了幾步、跑了多久、是否有搭上公車。只要分析動作和震動模式，就能即時感測到這些資訊。

基於相同的原理，感測器可以在空中準確感測上下、前後、左右 6 個軸的移動，因此感測器也會被用於控制器。電視遙控器和遊戲控制器就是利用了這個原理。為了辨識輸入和距離，控制器還會使用紅外線感測器。我們還能透過相機的手勢追蹤來輸入手部和手指動作，或偵測腦電圖、肌收縮等，以這個值來操控控制器。

　　我們也可以利用語音來命令或操作感測器。這時相當於聽覺的麥克風會將語音辨識成數位模式來理解語音內容。我們可以利用相機偵測眼球的移動來進行指標式輸入，也可以像使用鍵盤或滑鼠一樣，直接透過按鈕接收想要的輸入或收發雷射。像這樣，感測器會以各種方式，將人類的想法和命令傳送到電腦。

　　簡單來說，感測器之所以重要，有兩個主要原因：

　　（1）它是在元宇宙裡負責與電腦進行互動的輸入裝置。在元宇宙裡，我們必須要能用相機感知周圍、追蹤手和身體，讓虛擬分身能原原本本地呈現出現實世界裡的動作和表情，也就是說，我們要和在現實世界一樣能聽話和說話。

　　（2）唯有眼睛看的方向、頭部的動作、位置等現實世界中使用者的情景與虛擬世界的情景即時達到完全一致，使用者才能感受到沉浸感和真實感。唯有元宇宙裡和現實世界裡眼睛看到的圖像、耳朵聽到的聲音、使用者的動作完全一致，使用者才會分不清楚自己到底置身何處。

光學顯示器

　　在現實世界中，人們會去看眼前的世界；在虛擬世界中，則是由世界展現給人們看。因此在現實世界中，圖像感測器相當重要；而在虛擬世界中，顯示器非常重要。透過顯示器看到的世界有多麼真實、自然、即時，是影響使用者經驗的重要條件。

　　特別是透過 VR 頭顯或 AR 眼鏡看到的虛擬世界與電視這類一般的外部顯示器不同，如果想讓使用者眼前的世界看起來清晰、生動、不失真，和真實世界一樣，就必須使用高水準的光學技術。不過，由於每個人的視力、焦距等眼睛特性不同，因細微動作而感到暈眩的程度也不一，想要設計出對使用者來說經過最佳化的光學結構是最大的挑戰，首先必須解決視野、鏡框大小、畫質、亮度、焦深等各種問題。

　　目前，Oculus Quest 1 使用的 OLED 顯示器以及 Quest 2 使用的 LCD 顯示器為最普遍的顯示器，其他像是微型投影機使用的 LCoS 顯示器也被用於部分 VR 頭戴式裝置。這類適用於 AR ／ VR 頭戴式裝置、小尺寸、高解析度的顯示器，我們稱為「微型顯示器」

（Micro Display）。

近來像是 PIMAX 的高階 VR 機型的解析度已經能到 4K ＋ 4K，有部分人主張如果想重現出更有沉浸感的影像，就必須將解析度提升到 8K ＋ 8K。其實，回顧至今為止電視或智慧型手機顯示器的演進過程，就會發現我們無法斷定頭戴式裝置的顯示器會發展到什麼程度。此外，在開發解析度更高的顯示器的同時，也必須發展出能處理高解析度影像的計算能力以及適用於高解析度的內容。為了在性能與經濟效益之間找到平衡點，將有一段時間會形成巨大的市場。

比起顯示器本身進化，隨著光學系統問題得到改善而進一步發展的可能性更大。大部分具有 110 度視野的 VR 裝置將會發展到具有 220 度視野。不過人類的單眼視野為 60 度、雙眼大約是 120 度，因此 VR 裝置應該會以目前的水準在市場普及。但大部分 AR 眼鏡的視野到現在都還只有 50 度，雖然有改善到 90 度的實驗產品，但仍有在明亮的室外使用時清晰度及能見度低的問題。

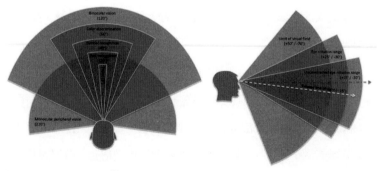

資料來源：electrooptics.com[1]

　　另外，要透過透明的鏡片在物理環境中把虛擬化內容渲染得很自然，使其看起來毫無違和感，又要即時反映使用者的動作，目前還存在著相當大的局限性。為此，必須要同時發展波導（Waveguide）技術、短焦距鏡頭技術、流動聚焦技術、視線追蹤（Gaze Tracking）等多種技術。因此，蘋果和 Facebook 要在短時間內推出對個人移動環境進行最佳化的 AR 眼鏡並不容易。

空間音效

　　將從不同方向和距離傳來的聲音混合而成的立體音響早已發展了許久。我們用兩個揚聲器做出了多聲道立體音響，也能用蘋果的 AirPods 聽充滿空間感的音樂。我們已經在第四章透過《High Fidelity》的例子，提到空間音效的重要性，但即時反映使用者的動作和使用者看的方向等、做出彷彿置身於現場的效果，是營造沉浸感和現場感的核心要素。

　　如果是視點固定的 VR 影像，那可以當場播放事先錄製好的音效，充分重現空間感。但如果是視點會移動的 VR 內容，由於播放的音效基於模擬的音源，目前還有許多難關需要克服。不過，近來各大企業正在進行各種研發，想創造出在現場無法感受到的音效和優勢並非不可能的任務。

　　其中像是 Facebook 在年度 Connect 大會上所發表的增強音訊傳播（Enhanced Audio Propagation）技術，就能在現場把周圍的聲音完全關成靜音，也能利用波束成型（Beamforming）只與想交談的人對話。此外，使用者還能調整成只聽得到同桌熟人的聲音，或

讓遠距連線的朋友參與對話。

　　像這樣，各種形態的空間音效及立體音效技術，將隨著 VR
裝置與內容的發展，再次得到飛躍性的成長。

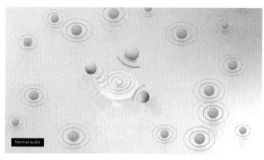

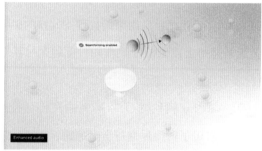

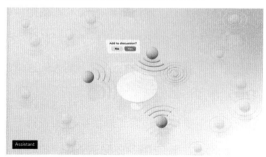

資料來源：facebook.com[2]

鏡頭與光達

在 VR 領域，鏡頭的主要用途為偵測空間和進行手勢追蹤。目前，Oculus Quest 搭載了四個鏡頭，兩個用來偵測控制器，兩個用來追蹤物理空間和手勢。HTC Vive 則搭載了六個鏡頭，可以偵測正面和側面空間，前鏡頭可以用來看物理空間裡的影像或攝影。此外，VR 裝置若連接上用來捕捉動作的外部鏡頭，甚至能夠在特定空間裡進行多用戶和全身追蹤。

最近更新的 VRChat 就利用 Oculus Quest 的四個鏡頭、陀螺儀和加速計感測器，實現了對用戶進行全身追蹤。未來，這些鏡頭將會被安裝於 VR 裝置內部，以進行眼動追蹤、偵測用戶在看哪裡，或進行臉部追蹤、讀取用戶的表情，將我們對話時的表情和眼球的轉動模擬得栩栩如生；我們甚至有可能讀出他人的感情或反應，並將其應用於數位治療或行銷領域。

AR 眼鏡的鏡頭主要被用於偵測外部環境與進行空間映射，但也能用於拍照或錄影。由於使用者在配戴 AR 眼鏡時會四處移動，這點存在著個人隱私問題，所以在普及和利用上仍然有局限性和負

擔。然而，若要映射、分析人與物件的資訊，就必須要有視覺辨識技術，因此有許多這方面的專家正在展開各種研究。

　　其中，蘋果就正在利用光達，開發能將個人隱私問題降至最低，又能迅速辨識空間與進行映射的技術；Facebook 則在研究把鏡頭安裝於 Project Aria 和 VR 裝置內部，以進行眼動追蹤；高通發表的 AR ／ VR 開發平台 XR2 將初期規格設定成最多可支援七組鏡頭，因此使用者可以利用更多鏡頭，將其應用於各種用途。

Unity 與虛幻引擎

　　若想將虛擬世界與虛擬實境做成 3D，就必須使用遊戲引擎。在遊戲產業市場，Unity 公司的「Unity」和 Epic Games 的「虛幻引擎」是競爭多年的對手，這兩款引擎的核心技術，是一種能讓虛擬內容中的光源、影子、質地看起來栩栩如生的渲染技術。使用渲染技術和腳本語言，就能打造出高度寫實、逼真的影像和內容，Epic Games 推出的工具程式「MetaHuman Creator」就是基於這個虛幻引擎去開發的。

　　雖然 Unity 的市場占有率遠高於虛幻引擎，但由於各有各的優缺點[①]，預計這兩家企業的競爭將持續下去。[②]

　　另外，由於遊戲業界早已有利用這兩種引擎開發 3D 遊戲的開發者們建立的社群，Oculus、HTC 等主要平台為了方便開發，也都有搭載這兩種引擎，這個領域和這兩家企業估計都會持續成長下去。

　　這兩個平台易於學習與開發，目前又有 3D 物件資料庫和無數個可重複使用的資源正在被創建，因此，就算不是元宇宙開發人

員，今後任何人應該都能輕鬆利用這兩個引擎製作內容。相信遊戲
引擎將會和輝達以及 AMD 的 GPU 一樣，成為元宇宙產業中重要
的基礎設備兼領域。

介面與使用者經驗

　　擴增實境和虛擬實境是一個全新的計算環境，也是一個需要新的使用者經驗的領域。這兩個領域之所以尚未取得特別耀眼的成績，是因為目前還沒能針對新的介面，做出經過最佳化的新使用者經驗。

　　除了製造設備，企業還需要根據新的產品外觀和用途設計使用者經驗，並為此做出新的介面。就如同智慧型手機是隨著電容式觸控螢幕問世，使用者經驗出現基準，人們的習慣發生變化而變得普及那樣，擴增實境和虛擬實境領域也必須經歷這個過程。Facebook 的 Oculus 目前就正專注於介面和使用者經驗，其正在為此開發控制器、手勢追蹤、儀錶板（Dashboard）、個人空間等功能，並且不斷進行改善。

　　值得關注的是輸入領域正在積極展開多模式介面的研發。多模式介面能同時支援觸碰、手勢、語音、相機視覺、眼動追蹤、虛擬鍵盤、腦波等多種方式，目前正被用於結合各種偵測方式，以創造出複雜度更高、更直觀的使用者經驗。

　　到目前為止，虛擬實境開發出不少比較不需要移動，可以在定點以最小動作使用的應用程式，並且具有易用性，所以已經反映了相當多現有計算環境中的使用者經驗；反觀擴增實境，因為 AR 裝置可能會在使用者移動的情況下被使用，又有每天被穿戴的特性，所以沒有太大的進展。

　　由此可見，雖然蘋果正在開發 AR 眼鏡這個傳聞是個無爭的事實，它很有可能比我們預期的還晚上市。這是因為蘋果非常注重介面和使用者經驗，從蘋果至今為止推出的產品來看，要做出完成度高的介面和與之相應的 UX 設計，並開發出 AR 眼鏡，應該還需要相當多的時間和精力。不過，蘋果正在積極收購相關企業，內部團隊也在優先進行這方面的研發，因此其 AR 眼鏡上市並不是遙不可及的事情。

穿戴式裝置的局限性

　　VR頭戴式裝置以及AR眼鏡都是需要穿戴在身上的裝置，這類型的裝置在推廣過程中會遇到的最大難關，正是人們在佩戴東西時會感覺到的不適感。

　　面對不熟悉的事物，我們的身體往往需要時間去適應。但是，穿戴式裝置是否具有某種價值，讓我們願意忍耐其帶來的不適感呢？若某個穿戴式裝置不具有足夠的價值，人們就不會選擇這款產品，就算選擇了也不會長期使用。也是因為這樣，有許多人早就已經把以前購買的活動追蹤器、智慧型手錶遺忘在書桌抽屜裡。在眾多產品當中，Apple Watch克服了這個難關，成功地融入了我們的生活。Apple Watch能夠成功，是因為其具備了穿戴式裝置應有的兩個基本價值。

（1）能讓使用者克服不適感並養成習慣，或具有無法取代的功能

戴眼鏡的人當中，應該有人曾戴著眼鏡洗過臉吧。沒戴過眼鏡的人可能無法想像，但眼鏡戴久了，就會變得像身體的一部分，感覺不到它的存在。但第一次戴的時候我們覺得怎樣呢？很不舒服。不僅耳朵疼、鼻梁痛，眼睛也會刺痛。

但是，它有一個功能值得讓我們忍耐這些不適感，那就是我們要戴上眼鏡才能看得更清楚。沒戴眼鏡時，我們會看不清楚電視和招牌上的字，但一戴上眼鏡，世界就會變得明亮。因此，眼鏡有著讓我們願意忍受不適感的價值。然後，從某個瞬間開始，我們不再感到不適，戴眼鏡變成了習慣。

眼鏡、太陽眼鏡、隱形眼鏡在戴與不戴時會出現很明顯的功能上的差異。助聽器也一樣。因為有明確的功能，人們會在太陽很大時戴上太陽眼鏡，滑雪時戴護目鏡，游泳時戴蛙鏡，騎摩托車時戴安全帽。

從這個意義上來說，VR 頭戴式裝置可以說已經越過了最低的臨界點，因為我們只需要在玩 VR 遊戲或觀賞內容時佩戴即可。人們會願意拿出來使用，就是因為有戴上時才會得到的好處。但 VR 頭戴式裝置是否能成為可以每天使用的設備是另一個問題。使用者必須習慣戴著 VR 裝置，但目前仍有許多問題需要解決。Facebook 目前在這方面就做得非常好。他們正在努力讓使用者有理由每天佩戴 VR 裝置。

Apple Watch 就成功做到了這點。Apple Watch 能與 iPhone 配

對直接接收訊息和通知，使用者不需要拿出 iPhone 就能確認必要的資訊。再加上因為搭載了各式各樣的新功能，Apple Watch 成了人們每天都會使用的產品。此外，為了讓使用者能每天都使用 Apple Watch，電池和充電的使用者經驗已大幅超越了最低限度。

但想讓使用者習慣戴著 AR 眼鏡還有漫漫長路要走。AR 眼鏡目前就連在短時間內，都無法充分發揮內在功能。AR 眼鏡需要有深度的介面設計與使用者經驗設計，且需要像一般眼鏡一樣，擁有能讓使用者願意忍受不適感的價值，和讓使用者能養成佩戴習慣之無法替代的功能。

（2）配戴目的不是為了給自己看，而是為了將自己展現給別人看

許多人會為了看時間而戴手錶。但對這些人來說，手錶作為飾品的價值更高。想確認時間的消費者很快就找到替代品並脫掉了手錶。在手機和 BB Call 問世前，有很多人都會戴著手錶。當時人們是真的為了看時間而戴手錶。但在能用手機更輕鬆、更準確、更方便地確認時間後，不少人脫掉了戴起來不舒服的手錶。時至今日，對於戴手錶的人來說，手錶作為時尚飾品的價值更高，因此他們才會忍受不適感戴著手錶。準確來說，這些人是因為戴著手錶，所以才會去確認時間。當然，我們不能以偏概全地斷定所有人都是如此。

雖然有許多人是因為收到或購買新的名牌手錶而開始戴手錶，但大部分會在替代品出現後還繼續戴著手錶的人，應該是因為

已經養成了習慣戴著手錶的行為模式。對於已經習慣戴手錶的人來說，戴手錶時會有的不適感並不是他們會認知到的問題。

Apple Watch 有很大部分始於時尚、有個性這種蘋果崇尚的價值。不少消費者都會有種戴上它就會顯得自己對時尚潮流很敏感或很聰明的感覺。而 Apple Watch 與許多品牌合作，推出了數種顏色的配件和各式各樣的錶帶，消費者可以搭配出滿足自己喜好、時髦又好看的組合，也讓 Apple Watch 更進一步成為了時尚產品。再加上 Apple Watch 本身具有各種功能與便利性，許多人漸漸習慣戴著 Apple Watch，甚至就連很多不戴手錶的人都開始佩戴它了。

Google 眼鏡雖然剛上市時也一度帶給消費者很酷炫的感覺，但其並未進化成時尚飾品，在功能方面也沒有達到高完成度，因此最終淡出了市場。

這裡所說的價值與鞋子、帽子、衣服等服飾一樣，在時尚和功能方面擁有非常明確的價值。在這裡，穿戴（Wear）和穿戴式（Wearable）的差異在於內在屬性上的不同。也就是說，穿戴在身上的服飾和可穿戴的穿戴式裝置的差異，在於是否需要有讓人們願意克服在數十年、數百年歷史中養成的習慣的價值。穿戴式裝置必須要具備這兩種內在價值，人們才會開始配戴。若 AR 眼鏡和 VR 頭顯擁有能成為服飾的內在價值，那配戴這些裝置自然而然就會變成我們的習慣，成為人類生活的一部分。

第 7 章

元宇宙創造的新未來

　　他們可以蓋樓房、公園、交通號誌，也能弄些現實生活中不存在的東西，例如高掛天空的巨大燈光秀，不受三度空間規則限制的特殊地帶，還有自由博擊區域，大家可以在那裡彼此砍殺。

　　唯一的區別就是，既然大街並不真實存在——它只是寫在某處紙張上，透過電腦繪圖協定投射而出——所有這些東西也不是「真的」被建造出來。事實上，它們只是一些軟體，透過遍及世界的光纖網路呈現在大家面前。當英雄進入魅他域，看著大街上的建築物和號誌延伸進入漫無邊際的黑暗，消失在超廣角透鏡的曲線上時，其實他只是盯著重現出各大公司所創造無數軟體的圖像——使用者介面。

　　要把這些東西放到大街上，他們也必須得到「全球多媒體通訊協定組織」的許可，在大街買下空地，得到建築執照，賄賂督察官，和一大堆拉拉雜雜的手續。而這些開發團體所付出的錢，會全部流進「全球多媒體通訊協定組織」經營並擁有的一筆信託基金裡，基金支付購買機器與研發費用，才使得「大街」繼續存在。[9]

　　「大街」是尼爾・史蒂芬森 30 年前寫的小說《潰雪》裡的幻想世界，而當今的元宇宙構建了一個全新的數位經濟體系。我們現在正在創造與拓展一個未設限的新世界，這個世界的盡頭在哪裡、能擴張到什麼地步、能在這裡做什麼都沒有被設下任何限制。

9　參考《潰雪》(開元書印，2008 年)。

就像網路滲透到一切事物一樣，我們正處於一切虛擬事物與現實世界相連結並具有新價值的時代。因此，我們現在有必要以我們的標準和慧眼，從長遠的角度展望元宇宙裡將創造出什麼樣的未來並做好準備。這個元宇宙的未來應該要能掌握在我們的手中、在我們的腦海中被描繪出來，並使我們心跳不已，而不該只是個虛無縹緲的存在。

新冠疫情下誕生的 C 世代

2020 年，全球都因為新冠疫情大爆發而受到了嚴重的影響，而且直到今天都還沒擺脫衝擊，各國仍然面臨著諸多課題與挑戰。

為了防止病毒擴散，許多地區被封鎖或隔離，而一年後的今天，保持社交距離已經成為人們生活的一部分。

沒有人知道我們什麼時候能再像過去一樣，大家聚在同一個實體空間，自由自在地談天說地、吃喝玩樂，要出國旅行、出差也不容易。上班族們被半強制居家辦公或遠距辦公，學生們大部分的課都不是去學校上，而是在家裡線上聽課。一年一度的開學典禮和畢業典禮現在也不在學校舉辦，而是改用 Zoom、Webex、YouTube 等，以非接觸式的方式進行。

人們連超市都不去了，只靠動動手指來買菜。銀行業務也都是靠手機來解決。雖然去不了餐廳，但人們在家裡利用外賣服務，點更多的食物來吃。人們不再去百貨公司，而是選擇網購衣服、鞋子，日常生活用品也幾乎都在購物平台購買。

因為不能夠去電影院和劇院，大家改在家裡看 Netflix、

Watcha，訂閱各種 OTT 服務，甚至開始在家裡放起了大型電視和顯示器。人們早上不再去健身房健身，而是選擇在家運動、做瑜伽；到了週末，則會利用 YouTube「跑遍」想去的地方。現在，一切都以非接觸式、線上、數位形式進行，我們正在度過全新的時光。

　　雖然觸發人們轉向數位、線上、行動的並不是新冠疫情，但疫情大爆發後，轉換的速度和強度確實產生了明顯的差異。若不是新冠疫情，人類的習慣和生活方式要改變，可能還需要十年以上，現在因為疫情的關係，我們的習慣和生活方式僅在一年內就被半強制地改變了，而且還在進行中。雖然很難透過分析因果關係來預測未來會變得怎麼樣，能夠確定的是，經歷過新冠疫情的世代之間正在形成新的價值觀和生活方式。繼 Z 世代之後出生、以 2020 年開始上小學的年齡層為代表的世代，在經歷過新冠疫情這樣的重大事件後，將會和 IMF 世代 [10] 及五拋世代 [11] 一樣，成為象徵某個社會現象的另一個新世代。

　　這個世代才剛開學，大部分的課都被改成在家線上聽課，在線上經營社交生活、放學後與朋友們在線上交流的比例也相當地高。這個世代在上課時能夠盡情使用 YouTube 和網路，也很熟悉 Zoom、Webex 等遠距會議軟體，交朋友時都是看著數位畫面中對方的臉。這些世代還看到了爸爸不去公司上班、在家工作的樣子，

---

10 指經歷過韓國 1997 年金融危機、目前年約 40 ～ 50 歲的族群。
11 指因為韓國經濟低迷而不得不拋棄戀愛、結婚、生子、人際關係、買房的年輕世代。

午餐時間在家點各種外賣吃也成了日常生活的一部分。

　　這個世代會和同班同學們在線上玩耍，在《機器磚塊》、《當個創世神》、ZEPETO[12]等虛擬世界裡認識的朋友比現實世界還多，而且這個世代認為智慧型手機是身體的一部分。在這個由線上與線下交織而成的現實世界裡，這個世代會用手機訂東西、在 Facebook 上留言、以現實世界為背景拍照後上傳到 ZEPETO 等，做各式各樣的事情。

　　智慧型手機是一種具有全時連結性的裝置，是一個能讓人們無時無刻都在線上的媒介。這個世代無法確切認知到網路世界與現實世界之間的界限；或者應該說，他們沒有必要去認知、區分這個界限。我們稱這個世代為「新冠世代」或「C世代」（Generation Corona）。

　　也因為如此，C世代很有可能成為第一個待在名為元宇宙的虛擬空間的時間，比待在現實世界中的時間更久的世代。由於他們能夠同時在多個元宇宙和現實世界度過時光，這兩個世界之間的界限又可以很模糊，未來大概很難準確計算或明確區分他們待在這兩個世界的時間。

　　C世代所生活的物理空間，今後有可能會整個被元宇宙化，而主導這個未來的人，最有可能是剛好在新冠疫情下誕生的世代。

---

12 韓國虛擬社交應用程式，其最大的特色是能夠偵測使用者的臉孔製作出獨特的虛擬分身，並透過該分身與其他使用者進行交流。

零售業的未來

　　零售業大致可以分成線下的傳統商務與線上的電子商務（包括行動商務）兩大領域。拜數位技術的發展所賜，線上零售得以迅速增長。現在，隨著各種技術和智慧型手機普及，線下零售正朝著線上與線下融合的方向發展，線上電子商務則正朝著連結性更強的元宇宙邁進。

　　目前在零售領域，許多企業正在嘗試透過智慧型手機與 AR 技術來創造各種客戶體驗和價值。舉例來說，美圖公司發布的虛擬試妝 App「美妝相機 MakeupPlus」，其全球下載次數高達 2 億，每個月大約有 1400 萬人使用。這個 App 高度利用了 AR 的基本屬性，會分析相機畫面中的臉孔，再根據膚色和各種喜好推薦化妝品，並幫助使用者購買該化妝品。另外，虛擬眼鏡試戴 App「Rounz」則是透用 AI 技術，讓相機畫面中的顧客戴上具有高度真實感的虛擬眼鏡，顧客能夠挑選適合自己的眼鏡，然後直接線上訂購，並等候宅配到府或親自到店取貨。

　　為了找出還在進化的顧客需求，並進一步為顧客帶來感動，

零售業比其他領域更積極導入與運用新技術，因此是元宇宙中最具潛力的其中一個領域。零售業會與客戶產生密切的連結，業務涉及零售、批發與流通，以及能夠運用各式各樣 VR 或 AR 程式的特性，讓其有機會把各種可能性拓展至名為元宇宙的虛擬世界。

宜家家居推出的「IKEA Place」就透過 AR 技術，讓使用者能以虛擬方式在自己家中試擺家具，並幫助使用者選擇家具。達美樂披薩的「Pizza Chef」則是能讓使用者將想要的配料加在栩栩如生的披薩麵糰上，體驗客製化披薩的過程，使用者甚至能夠直接訂購同款披薩。美國勞氏公司（Lowe's）透過名為「Hologram Test Drive」的 AR 程式，教使用者如何安全使用工具。Topshop 則與 AR 解決方案開發商 AR Door 合作，提供顧客虛擬試衣服務。

猶他彩妝（Ulta Beauty）推出了能虛擬體驗美容工具的服務 GAMLab。柯爾百貨（Kohl's）則與 Snapchat 合作，利用 AR 技術做出虛擬衣櫥並提供客戶有趣的體驗。LV 也正在嘗試開發數位皮膚（Digital Skins）和 AR QuickLook，以幫助客戶體驗和購物。

亞馬遜開設了連鎖美髮沙龍 Amazon Salon[1]，試圖提供顧客新的客戶體驗。顧客能夠透過 AR 程式體驗各種髮型或髮色，再進行選擇與預約，而到了美髮沙龍後，還可以使用梳妝台前的 Amazon Fire 平板電腦享受各種娛樂。

　　從上述各家公司進行的嘗試，不難看出對零售業來說，AR 與
VR 的發展和運用並不是未來式，而是現在進行式。由於各種嘗試
的結果會直接影響銷售，零售企業們正處於快速嘗試，快速放棄或
改變，並依據得到的反饋發展至下個階段的戰場。

　　AR 和 VR 等虛擬化技術和元宇宙對零售領域的未來之所以如
此重要，是因為客戶體驗正在不斷擴張，顧客的消費模式也正在從
需求導向轉變成更追求提升整體生活品質的探索導向，而元宇宙技
術將為零售業的未來帶來的好處，就在這個趨勢裡。

（1）能提供顧客更好的購物體驗

　　我們在網購時很難判斷商品的實際樣貌。當然，像是書籍這類有固定規格的消耗品、工業產品、食品等，由於不難靠照片和詳細介紹做出購買決定，大多數人都會選擇網購；不過碰到服飾、家具、汽車、室內裝飾、彩妝品等產品時，就很難只憑網路上的照片和資訊做出判斷。這種時候，虛擬化技術能給予我們很大的幫助。

　　多虧了虛擬化技術，我們只需要按下幾個按鈕，就能在房間裡試擺家具或室內裝飾；我們不用實際去賣場，就能以更方便、更實用的方式選擇產品。大多數時候，就算去店面挑選壁紙，甚至帶了樣品回家和房間的牆面比對，我們仍然不太確定施工完成後跟整個房間有多搭，或是會變成怎樣的感覺。但是如果使用 AR 技術，我們只要按一下按鈕，就能在虛擬世界裡套用整個施工結果，即使嘗試數十種壁紙也不會花太多時間；我們還能截圖比較多種壁紙，並確認選擇的壁紙與家裡的家具搭不搭。

　　挑選家電也是如此，標準化家電的時代已經結束，設計、尺寸、顏色變得越來越重要，透過 AR 技術，我們就可以輕鬆挑選適合自家的家電。其他像是在選擇汽車的車漆、輪圈、內裝時，運用 AR 協助挑選也會比單看型錄更準確。

　　VR 展覽館、VR 商場讓我們不用去實體店，也能體驗到在實體店裡那種充滿真實感的氛圍和產品。這樣一來，即使實體店鋪不多或不方便前往，我們還是可以在線上購買某樣產品，也能享受更為方便的客戶體驗。雖然線上購物目前所能提供之最強大的客戶體

驗是能讓客戶快速找到想要的商品、輕鬆訂購、方便收貨，但除了更便宜、更便利，其還能提供顧客更有趣、更有沉浸感的客戶體驗。

　　元宇宙的虛擬世界將會很自然地變成一個零售空間，就像 LG 電子在《動森》設立了 OLED 展示館一樣，在客戶經常光顧並喜歡使用的空間裡加入與其世界觀契合的零售元素，將會變成一種常態。舉例來說，《要塞英雄》的玩家可以到開在《要塞英雄》廣場的星巴克訂咖啡並外送到現實世界，也可以當作禮物送給朋友。

　　愛迪達和 Nike 商店可以賣能賦予遊戲中的虛擬分身超高能力值或使其升等的虛擬鞋子，玩家還可以用虛擬貨幣在遊戲中的展示間購買要在現實世界穿的商品。如果在與 Naver Shopping 連動的 ZEPETO 商店中購買喜歡的品牌的衣服，同款衣服會被送到虛擬分身的衣櫥裡，讓現實世界裡的使用者和數位世界裡的使用者能穿上同款衣服共享時尚。

　　也就是說，零售品牌可以在虛擬世界裡建立自己的元宇宙。只要基於網路或虛擬實境開設商場或體驗店，消費者就能在這裡像玩遊戲一樣瀏覽與試穿商品，並得到負責提供服務的虛擬分身們親切的幫助。而被渲染得非常逼真的 3D 模特兒試穿的樣子，將取代原本購物網站上產品資訊裡滿滿的模特兒照片。

　　Gather.town 是一個最近以 2D 活動平台廣為人知的軟體，感覺可以稱其為城市版的 Cyworld 或村莊版的《哈寶賓館》。它也是一個最近經常被用於會議和街頭慶典的非接觸式活動平台，雖然並不足以被歸類為真正的元宇宙，但是它具有許多有趣的功能，想在

這裡開一家新世界百貨 Starfield 購物中心也是有可能的。

如果將空間的布局和結構設計得像現實世界中的新世界百貨 Starfield 購物中心，並妥善配置各個店面的位置，那虛擬分身們就會去逛自己平時喜歡逛的店面，並透過連結進入各家商店的網店，在那裡與朋友見面、聊天、玩遊戲、一起度過時光。在零售產業，消費者在網路世界時以目的為導向的購物型態，到了元宇宙會變成以探索為導向、以追求體驗和樂趣的過程為導向。

與此同時，線下零售正在經歷更巨大的改變。由於現在消費者購物的目的不再只是選擇與購買特定商品，為了提供顧客能讓生活方式變得更美妙更開心的方案，推薦功能將會因此被最大化。

如果利用虛擬化技術選擇商品，就能將相關資訊串流到顯示器上，螢幕上還會顯示推薦產品和使用方法。虛擬化技術有助於客戶輕鬆認識產品，客戶可以使用智慧型手機的擴增實境 App，非常輕鬆地搜尋店內商品的詳細資訊、比較價格、查看評分。

Amazon Go 和阿里巴巴的智慧門店引入的技術將會普及，讓顧客能直接將想要的商品放入數位購物車並付款，並且會根據時間或顧客所在的位置等特定條件，讓顧客能即時參與促銷活動和其他各種活動。智慧商店會讓顧客在實體店裡也能像在線上購物一樣，最大限度地發揮這兩者的優點，實現各種客戶體驗創新。

顧客將不需要提著所有想試穿的衣服去試衣間一一試穿，而是能先利用虛擬試穿螢幕，快速試穿各式各樣的衣服，有喜歡的再去試衣間試穿，以節省購物的時間和體力。如果試穿後有喜歡的衣

服，只要錄下試穿影像，就能上傳至社群媒體，與朋友們分享喜悅。顯示器還能展示其他顧客的偏好數據並幫助顧客購衣。此外，AI演算法能利用顧客試穿時測得的數據，推薦適合顧客但還沒被顧客發現的商品。AI演算法還會隨著數據累積，提供顧客滿意度更高的推薦功能及其他服務。

雖然網路商店也會利用擴增實境和智慧型手機的相機，推薦適合顧客膚色或皮膚狀態的化妝品，但在實體店可以進行更精準的掃描，因此能更快速地推薦顧客適合的彩妝品或護膚用品。這種服務能減少顧客必須在現場直接體驗的化妝品數量，不僅能節省成本，還能提供顧客更多選擇，同時將顧客的壓力降至最低。

至於販售食品或生活用品的線下零售商店，也能利用擴增實境的智慧螢幕或相機，展示出商品的營養成分、卡路里、有效期限、推薦食譜等資訊。如果顧客將想買的商品放入購物車，則可以在手機畫面中顯示更新後的價格或提供注意事項。

隨著應用擴增實境、虛擬化技術的互動式服務機台（Kiosk）變得越來越多樣，咖啡廳、餐廳等餐飲店將會陸續引進機台。這類機台會將顧客選擇的所有餐點進行虛擬化，在畫面中播放上桌後的影片來幫助顧客點餐，或推薦顧客適合所選餐點的其他餐點或配菜。像這樣，虛擬化技術會在各種領域提供顧客更方便、更有效率的購物及消費體驗。

（2）引進店內導航，將店內參與度最大化

儘管我們能在 GPS 訊號無法到達的室內使用室內導航服務，但這項技術仍然有相當大的局限性。雖然許多企業試著利用信標（Beacon）或紫蜂（Zigbee）等無線技術，以各種方法進行室內導航，但還是由於諸多限制而沒能取得顯著的成果。不僅在大面積空間安裝設備是個大問題，要開發出與顧客的智慧型手機連動的服務也是困難重重。目前也有不少店面為了提高客戶的參與度，選擇利用近接感測器、QR Code 或手動方式展開行銷活動，但同樣因為許多限制而效果有限。在顧客們的消費習慣轉變成以網購為主後，原本店面密集、流動人口多的大型商場和百貨公司的銷售額正在下降。許多商家想要將危機化為巨大轉機，卻又力不從心。

其實，如果能利用 AR，就有機會讓很依賴物理空間的零售業再次變成以顧客為中心，讓被線上零售搶走的顧客回到實體店裡。

首先，店內導航能發揮位置輔助功能，幫助顧客輕鬆購物。就算沒有 GPS 訊號，也可以利用 AI 將輸入至智慧型手機鏡頭的空間圖像轉換為空間數據（Spatial Data）。

接下來可以結合各種設施、店面招牌、部分信標數據進行分析，提取相對空間資訊（Spatial Information）。這麼一來，就可以連接與應用這些空間資訊，獲得整個連續空間的位置資訊和與此有關的情景。如果連動這些資訊與室內地圖數據，就能在寬敞的室內空間裡，迅速引導顧客到想去的地方，也能基於顧客的位置更輕鬆地展開行銷或促銷活動。

顧客可以利用智慧型手機的相機或 AR 眼鏡，使用就算在面積大的區域也能引導使用者抵達目的地的室內導航功能。另外像是 Shopping Planner 一類的服務也將不斷應運而生。這類服務會根據路徑，告訴顧客經過最佳化的目的地訪問順序和位置，並在顧客前往目的地的路上提供重要資訊和促銷活動資訊。

目前如果連動使用中的地圖與導航，我們只能將出發地點和抵達地點大致設定成建築物的入口，但以後我們能進行更準確的門到門（door to door）設定。我們將能更準確地計算出所需時間，也不會在室內迷路，因此能最大限度地避免被耽誤或浪費時間。

此外，店內參與（In-store Engagement）也能變得更活躍。各店面可以準確掌握已註冊會員或同意分享位置資訊之客戶的位置，因此能更積極、更精準地進行促銷活動，感興趣的客戶的參與度也會隨之增加。

進入店面的顧客可以利用應用了擴增實境的品牌 App，輕鬆確認商品資訊或特色。這時，商家可以利用 App 積極向顧客介紹新產品或推薦商品等，還可以在絕妙的時間點發送通知，讓顧客參與問卷調查或活動。如果能讓顧客利用 AR，在店裡找出隱藏的優惠券或活動商品，顧客將會積極訪問店面並執行被賦予的任務，這種方法可以用於將客戶的參與度最大化。

（3）體驗式商業的時代即將來臨

積極的客戶參與和 MZ 世代顧客的價值變化也有關係。MZ

世代與前世代的差異在於更喜歡消費自己喜歡的東西，並且會告訴熟人或向熟人炫耀，在這個過程中當然就出現了積極參與的行為。這個世代對最新科技趨勢敏感又對操作很熟悉，因此元宇宙會越來越受到關注，MZ 世代的影響不容忽視。

比起單純消費，MZ 世代更重視親自體驗、享受樂趣、建立有深度的關係的過程，因此這個世代會訪問的店面或品牌門市中，有很多擁有優質的設備或活動能讓顧客親自體驗。

AR 和 VR 是讓人可以在物理上體驗的技術，因此我們很難說 Oculus Quest 2 的銷售成績火爆與此無關。這種虛擬化的元宇宙技術具有能打造出體驗式商務的最佳條件。

《精靈寶可夢 GO》等 AR 遊戲之所以受歡迎，據說是因為這類遊戲是在現實世界上疊加了精靈寶可夢的世界，讓玩家能同時感受到玩遊戲和享受有趣體驗的樂趣。其與特定店面或品牌進行的促銷活動所提供的經驗可以說是商務化的代表例子。其他像是電視劇《阿爾罕布拉宮的回憶》中也有出現如果想要補充在 AR 世界消耗的能量，就必須到現實世界裡的便利商店購買特定飲料喝的插曲，這正發揮了體驗式商業的想像力。

智慧型手機問世初期，曾有過 Foursquare、Gowalla 這類的 App，如果消費者訪問店面，就會贈送優惠券，消費者還能成為該店面的市長（Mayor），這個位置有可能被其他客戶搶走。過去的體驗式商業單純只是結合了能引導消費者參與的體驗，但從現在開始，連動豐富的故事性和充滿真實感的體驗的產業將會大幅成長。

　　我們未來將能利用 AR，連動各種商品和活動到整個百貨購物中心，讓顧客能積極享受樂趣並獲得優惠。我們可以製作尋寶遊戲一類的體驗活動，讓顧客一開始是為了玩某款遊戲而訪問店面，但來到會賦予顧客任務的店面後開始花錢消費。我們還可以讓會積極確認資訊的顧客獲得更高層次的體驗。我們可以設計有趣的獎勵機制，以吸引更多顧客訪問店面；也可以讓顧客為了獲得積分而搭乘 Kakao Taxi；還可以讓顧客在漢堡王吃漢堡時掃描包裝紙上的 QR Code。

　　在現代汽車展示中心，我們將能利用 AR 變更車內裝潢，而且只要掃描後車廂內的 QR Code 就能得到特別的禮品，因此自然會有許多顧客到展示中心體驗車室。E-MART 可以利用賣場裡的動態定價顯示器，隱藏能在線下獲得的積分或優惠券；LG 電子可以讓顧客掃描店內電視上的特定內容，讓顧客參加活動或當場提供顧客折扣優惠；Olive Young[13] 可以將擴增實境應用於 CJ One 會員卡 App，將肉眼看不到的打折資訊放入 App 相機裡，來延長顧客待在店裡的時間，順便進行促銷或行銷活動。我們正在進入一個有數不清的創意能應用於幾乎所有實體店和商品的體驗式商業時代。

　　與線上的連動也少不了體驗設計。在虛擬世界開設品牌門市，並在那裡購買商品、享受體驗是從《第二人生》開始就嘗試的虛擬體驗式商業。隨著元宇宙趨勢加速到來，跨線上線下的體驗式商業

---

13 韓國藥妝店，類似屈臣氏或康是美。

也具備了能盛行的條件。

LG 電子在《動森》開設的展示館也屬於這種嘗試。Gucci 雖然單純只是讓玩家能在 ZEPETO 裡穿戴虛擬服飾，但也能視為體驗式商業。所有能用虛擬商品或體驗代替物理商品來創造銷售收入的活動都可以視為體驗式商業。

SPC 集團 [14] 可以打造一個名為「Happy World」的虛擬世界，將存在於現實世界裡的所有門市都搬到地圖上，讓顧客們能像玩遊戲一樣訪問店面，打造出在虛擬世界發生的事件會與現實世界連動的體驗。如果消費者到現實世界裡的 Dunkin' Donuts 喝咖啡，那在虛擬世界裡，附近的巴黎貝甜（Paris Baguette）就會出現優惠券；如果顧客變成訪問次數最多的某家門市的虛擬店長，就會得到能每天送朋友們喝一杯咖啡的權限。未來也有可能會出現想走遍全國門市的客戶，強大的鎖定效果將會使顧客忠誠度跟著上升。

IKEA 將能在《當個創世神》裡開店，讓顧客在遊戲中做出跟實體一樣的家具後分享，並讓其他顧客評分，接著贈送分數最高的玩家該家具，以打造提供交換價值的體驗式商業。

使用 VR 頭戴式裝置能設計出最有真實感的體驗，目前已經有企業推出了以體驗職業、體驗烹飪等為主題的 App。韓國的新羅飯店就推出了虛擬烘焙 App，只要顧客在虛擬實境裡做好蛋糕並寫上想要的字句，新羅飯店就會做出一模一樣的蛋糕，送到顧客所

---

14 韓國食品業巨頭，旗下有 Dunkin' Donuts、巴黎貝甜（Paris Baguette）等品牌。

在的現實世界裡。只要輸入房子的圖面，IKEA 的 App 就會自動用 IKEA 的家具填滿虛擬房間，顧客可以戴上頭戴式裝置體驗這個空間。雖然會需要開發成本和時間，但在不久後的未來，將會有越來越多企業不斷將元宇宙世界裡的體驗式商業與真實世界聯繫起來。

（4）虛擬商業與虛擬網紅的時代即將來臨

就如同有線電視的問世出現了電視購物，網路的問世出現了電子商務，YouTube 的成長帶動了影像商務市場，社群媒體的普及造就了社群商務市場。目前，企業們正在嘗試展開各種混合了多種類型的融合性或複合性商務，而隨著元宇宙的登場，現在還出現了一種名為「虛擬商務」（Virtual Commerce）的新商務類型。

虛擬商務的所有線上購物經驗和型態皆基於電子商務，因此嚴格來說，虛擬商務應該和影像商務、社群商務一樣，都屬於電子商務下的子類型。虛擬商務這個新嘗試的真實感和沉浸感最接近實際購物經驗，而且具有可以像在線下一樣，仔細進行體驗和評估的優點。

韓國最先將虛擬商務應用於實體店的概念，是 HOMEPLUS 用虛擬圖像做成的超市陳列架。只要顧客選擇架上的商品照片後下單，商品就會從連動的自動販賣機中出來或是配送到顧客家裡。HOMEPLUS 的這個虛擬智慧商店概念嘗試了就算空間狹小、不陳列實體商品也能經營的模式，只是在販售需要互動或說明的產品時會遇到困難。

現在消費者可以進入虛擬實境裡的展示館或店面，親自觸摸、試用、體驗商品。今後虛擬商務將會進化成一個具有高度真實感的虛擬商務，虛擬店員將會仔細為顧客提供說明並幫助顧客購物。如果有企業推出有知名虛擬網紅現身的虛擬商務平台，那對購買的影響力勢必會加大，全年無休、每天 24 小時營業的商店也有可能變得隨處可見。虛擬商務將會在消費者無法訪問店面親自體驗的商品市場，或不仔細看就難以決定是否購買的商品市場發揮更大的作用，其估計會在運動器材、成人用品、服飾等領域嶄露頭角。

（5）販售個性化商品，展開個人化行銷

網路商店通常會挑選、組合個性化商品，或基於顧客個人檔案展開行銷活動。由於實體店在這方面缺乏競爭力，因此 20 多年來一直被網店搶走顧客。不過，隨著 AR 與物聯網等各式各樣的技術被引進實體店，線下零售業開始展開了反擊。

設置於智慧商店內各個角落的攝影機和感測器會追蹤顧客們的動作、移動路徑、對商品的關注度和停留時間，在展示化妝品、衣服等商品時，提供客製化推薦服務。顧客在購買服飾或家具等各式各樣的商品時，也能直接利用店內的機台或平板電腦，變更虛擬化組合或做出個性化商品，因此顧客不需要長時間等待，就能製作、購買商品。實體店正在進化成結合了線上線下優點的混合型概念店。

Converse 就正在營運一種能讓顧客在線下親自訂製商品的旗

艦店，該旗艦店可以在虛擬實境中開店，顧客則可以利用擴增實境在這裡試穿鞋子。

想找出最適合自己的商品或購買個性化商品，個性十足但同時追求感性與樂趣的顧客們會來到智慧商店。將線下零售無法提供的價值與線上零售的優點混合之後提供服務是當前的關鍵趨勢，這也是實體店正在應用零售技術和 AR 技術的原因。

近幾年，蘋果和 Facebook 不僅在開發 AR 眼鏡、VR 頭戴式裝置，還同時在積極開發眼動追蹤技術和視線追蹤技術。這兩項技術在個人化方面具有特別大的潛力，我們將能在虛擬實境世界裡分析使用者眼睛的運動、停留的時間和聚焦的對象，從而計算出使用者對什麼感興趣，以及會關注哪些資訊或對象。

由於 AR 眼鏡可以追蹤與分析使用者在真實世界的街道上關注了什麼、看了什麼，並提供個性化推薦服務，如果能夠解決個人隱私權和個人資訊保護相關問題，就能將其應用於更多領域。

另外，數位標牌（Digital Signage）會搭載攝影機和感測器，並根據顧客的反應、群聚度和客戶概況，播放最佳化的廣告和影像。廣告的播放方式正在從單方面再生進化成對人產生反應後播放。媒體牆、柱狀數位看板、互動式機台等設備將會搭載感測器，接收情景變化的輸入，並利用光雕投影或 AR，將互動型影像投射到顯示器、牆壁或地板上。

隨著增強顧客所在的物理空間，使顧客沉浸於訊息或產生興趣的強勁行銷手段不斷發展，這類技術將被引進現實世界。

　　未來在車站月台、購物中心、百貨公司的媒體牆，將會在人們經過或注視時做出反應，並辨識行人身上的衣服或包包後播放相關商品或具有吸引力的故事，讓人們沉浸於內容。

媒體業的未來

　　擴增實境和虛擬實境在媒體業宛如颱風眼。我們已進入了變化的中心，但仍有許多媒體企業沒有發現。儘管內容和新聞的製作及消費方式發生了變化，沉浸感和經驗的深度也與以往截然不同，不熟悉現狀的傳統媒體企業仍然只忙著顧表面、極力無視能夠成長的機會。

　　隨著傳統媒體的時代過去、數位媒體和新媒體的時代到來，單純報導事件或傳遞消息已不再是消費者想要的服務了，效果也降低了許多。傳統媒體企業正為了維持現狀、保護既得利益團體而死命掙扎，報社到現在都還在印刷數十萬份根本沒有人看的報紙，不再有讀者和觀眾領情的媒體至今還在拚命尋找廣告商，但無論他們再怎麼抵抗，這個世界仍繼續發生著變化。說故事能力仍然是判斷一個媒體好壞的重要標準，而且這也確實已經成了媒體想生存就必須具備的要素。但隨著元宇宙時代的到來，媒體業的格局再次出現了新的裂痕，並面臨了突如其來的機會。我們正活在一個在思考媒體業的未來時，必須重視元宇宙將會帶來的變化和影響的時代。

　　雖然人們早在智慧型手機普及階段就關注起了擴增實境，但直到最近，擴增實境才對媒體產生了影響。這是因為技術上的必要條件的完成度現在才達到了臨界點，而且企業們現在才開始嘗試製作能夠滿足讀者或觀眾的內容。

　　此外，隨著無法僅靠聽人說故事（storytelling）而感到滿足的未來核心顧客 Z 世代出現，讀者和觀眾們追求的不再只是聽好故事，而是進一步追求「活在故事中」（story-living）。也就是說，讀者和觀眾們現在希望能親自參與故事，讓這個故事會成為他們日常生活的一部分，而讀者和觀眾們會在分享這個故事且對其產生共鳴的過程中，成為故事的一部分。會有這樣的變化，是因為作為第一個透過智慧型手機常時相連的世代，Z 世代生活在隨時隨地都能成為故事一部分的環境中，也是因為 Z 世代在成長過程中經歷的其中一項文化即為「共鳴和分享皆能成為所有故事追求的目標」。

　　為了不被這種變化的潮流淘汰，《紐約時報》成立了 VR 部門，每天訂定一個主題，並將 360 度的採訪影片上傳到「360 度環景新聞」（The Daily 360）上。《衛報》、《泰晤士報》、CNN 也不斷地在尋找能夠最大限度利用 VR 技術的主題，進行各種實驗。為了跟上這種變化，Facebook 等社群媒體和 YouTube 也正在為平台添加新的變化，並不斷嘗試新的技術和功能。我們應該慎重思考新媒體在沉浸感得到提升、從追求「說好故事」轉向追求「讓消費者活在故事中」後會發展成何種面貌，並思考我們將會迎接什麼樣的變化趨勢，為此作好準備。

沉浸式媒體的時代即將到來

擴增實境和虛擬實境最強大的功能是能做出充滿沉浸感的內容，它們能讓人感覺彷彿置身現場、活在當下、處在同一個空間。最近，充滿沉浸感且能讓人深陷於其中的沉浸式新聞（Immersive Journalism）正在興起。

探索頻道曾雄心勃勃地開設新頻道「Discovery VR」，啟動了在大自然、空中、海裡製作沉浸式媒體的計畫。探索頻道在表示他們雖然沒有探索過這片新土地，但必須挑戰後，便推出了這個頻道。然而，這個計畫才剛起步就遇到了困難。由於影片品質不佳、軟體有許多錯誤，Discovery VR 不但沒有留住觀眾，反而導致觀眾紛紛轉台，最終關閉了頻道。Discovery VR 目前正以應用程式的型態留在 Oculus VR 裡，不曉得其是否有感受到沉浸式媒體再次興起的時代即將到來。

資料來源：area.autodesk.com[1]

面對數位技術帶來的創新挑戰，BBC 毫不猶豫地開設「BBC Connected Studio」[2]，進行了各種嘗試。他們製作的《家園：VR 太空漫遊》（Home - A VR Spacewalk）被評為是個充滿沉浸感、讓人彷彿遨遊在宇宙中的內容，為沉浸式媒體揭開了新的一幕。BBC 內部的 BBC News Labs 也正在研究如何利用基於數據的創新和新的數位技術來造福讀者。BBC 還建立了一個用來公開實驗性創意的平台「BBC Taster」，讓讀者直接評價利用新技術製作的試播內容。BBC 透過這個平台，製作了基於敘利亞難民採訪的 VR 影片，並將其登錄於 Oculus Store，讓讀者能感受到難民們經歷的痛苦和他們感受到的希望和恐懼。

此外，《衛報》的特輯採訪也是一個不得不提的傑作。這篇叫《6×9：單獨監禁虛擬體驗》（6×9: A virtual experience of solitary confinement）的採訪報導是一個 VR 紀錄片，我們可以體驗 23 小時被關在 6×9 英尺大的單人牢房裡的心理變化，以及隔離帶來的恐懼。由於影片的剪輯效果和視覺美感都相當出眾，並生動傳達了訊息，至今都還很膾炙人口。

國家地理在 Oculus 發布了其開發的應用程式「Explorer VR」[3]，並且在製作專用內容。從坐著皮艇探險冰川、冒著暴風雪尋找最後一隻國王企鵝，到探索馬丘比丘和印加文明等，國家地理正因為製作出了充滿真實感的媒體而大受好評。

在 Steam VR 裡有許多 HTC Vive、Valve Index 版的 VR 遊戲。其中有個名為《格陵蘭冰川融化》（Greenland Melting）[4]的 360 度

影片拍攝了格陵蘭冰川融化的景象，讓玩家感覺自己與探險隊同在。這個內容能讓玩家感覺自己正在收集與觀察峽灣融化的各種數據，讓玩家投入觀看影片，而不是給玩家以第三者的視角看影片的感覺。

　　瑞士的 Somniacs 開發的「Birdly」也值得我們關注，Somniacs 開發出了能讓使用者感覺宛如在空中飛翔的模擬器和內容，試著展現出什麼叫真正的沉浸式媒體。在不久後的將來，沉浸式媒體和沉浸式新聞將會成為一種因虛擬實境這個新的硬體平台而出現的新媒體格式，它們也肯定會是虛擬實境隨著 Oculus Quest 2 廣為使用而普及大眾時，最先發展和成長的領域。

空間新聞（Spatial Journalism）將報導時間和空間

　　擴增實境和虛擬實境皆基於空間。兩者唯一的差別，就在於這個空間是現實世界中的空間，還是虛擬世界裡的空間。但無論是哪個空間，AR 和 VR 都是最適合用來承載空間和空間曾存在過的時間的媒介。若說沉浸式媒體重視臨場感，那空間新聞重視的是承載於空間和時間的故事。空間新聞並非透過文字在平面紙張上敘述名為時空的情境，而是利用承載了 3D 空間的影片和互動式參與將之呈現。由於空間新聞有時候會與沉浸式新聞重疊，我們無法將這兩者做完美區別，但我們可以根據看的人關注的重點來加以區分。

　　《時代》開發並發布了一款名為「TIME Immersive」的應用程式，同時公開了拍下阿波羅 11 號登月的影片《登月》（Landing on the moon）⑤。它利用 1969 年阿波羅 11 號降落在月球上時拍下的照片和當時的數據，展示了當時在那個空間裡發生的事情和尼爾·阿姆斯壯當時穿著的太空衣，以激起讀者們的高度關注。

　　《時代》還推出了《深入亞馬遜：瀕死的森林》（Inside the Amazon: The Dying Forest）⑥，讓讀者們能親眼見證亞馬遜大自然被破壞到了什麼地步。此外，這個 AR 體驗還提供讀者與珍·古德博士訪問亞馬遜部落，並仔細觀察眼前的亞馬遜面臨著哪些威脅和破壞的機會。《時代》將我們無法親自前往的亞馬遜做成了直觀又多樣化的內容，它不只是單純地傳達事實，還能使人們產生共鳴，並且賦予人們動機，因此開始聲名遠播。現在，《時代》正在建立一個全世界所有人都能消費的內容平台。

Spatial Journalism

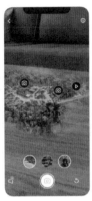

Source: TIME

　　同一時期，《紐約時報》也在利用擴增實境，製作了人類挑戰登陸火星的特輯內容《探索 NASA 火星洞察號任務》（Explore NASA's InSight Mission on Mars）[7]。我們可以利用《紐約時報》的

App，直接把火星登陸器「放在」桌上，仔細觀察它如何運作。這個有深度的內容之後也被收錄在 Immersive AR ／ VR 版，繼續刊登企劃報導。

《紐約時報》360 度環景新聞發表的報導中，芝加哥小熊隊時隔 108 年、在 2016 年世界大賽奪冠的事件特別令人難忘。當時普通的新聞都是透過文字和照片，報導棒球場內的盛況和選手們的情況，但《紐約時報》報導的卻是粉絲和人群在棒球場外歡呼的景象。這個 360 度影片原原本本地留住了人們在芝加哥小熊隊勝利的那一刻歡呼的時間與空間，可以說是一則充滿沉浸感的採訪報導。就算我們那一刻不在現場，也能感覺自己彷彿就在球場前產生共鳴。如果戴上 Oculus VR 頭戴式裝置看 YouTube，就會感覺自己身處人潮中，見證這充滿沉浸感的歷史性的一刻。

2018 年 CNN VR 的西班牙潘普洛納奔牛節的採訪報導做出了史詩級的嘗試。這個 360 度影片不僅從奔牛節開始的那一刻起就拍下了充滿熱情與活力的一面，甚至連我們未注意到的一面和隱藏背後的故事都捕捉了下來。若去看 YouTube 影片《在潘普洛納與牛共跑》（Run with the bulls in Pamplona），就會感到自己彷彿身臨其境，驚人景象將映入眼簾。

若沒有 AR ／ VR 技術，是不可能有媒體格式能同時承載時間與空間的。這樣的媒體現在不僅製作和消費起來容易、成本大幅減少，門檻也變

得相當低。對數位媒體企業來說，空間新聞已不再是選擇題，而是不可避免的新趨勢。

合成媒體與真實媒體之間的界限已被打破

　　假新聞是媒體業目前面臨的一大問題。在資訊氾濫的時代，隨著數位工具普及、社群網路擴散，我們進入了一個能輕而易舉製作、分享、散播所有新聞的時代。而隨著 AI、機器學習、計算能力發展，不僅是書面新聞，我們還能輕鬆做出難以分辨真假的假新聞影片。我們不僅能利用 AI 和電腦圖像製作科幻電影和遊戲，現在幾乎還能製作任何影片。我們可以讓長得跟唐納・川普、希拉蕊・柯林頓一模一樣的人發表本人從未發表過的演講，讓「英國首相」跳舞，或把湯姆・克魯斯的假影片上傳到 YouTube 上。還有新聞報導稱，某家 AI 企業擁有可以分辨出假影片的技術，其能分辨出超過 80% 的假影片。

　　會搞得如此沸沸揚揚，是因為合成媒體（Synthetic Media）興起。隨著我們提升技術完成度，同時形成了合理的成本結構，我們已經進入了一個可以輕鬆製作合成影像的時代，我們甚至無法分辨影像中的人物是否為真人。

　　正如在第六章所提，隨著 Unity 和虛幻引擎發展、渲染技術進化、GPU 等計算能力飛速發展，我們變得能輕鬆做出虛擬人、合成出品質不錯的媒體。合成媒體的發展終將提高虛擬世界的真實感，而這意味著只要有電腦就能經營電視台的時代已經到來。

合成媒體又被稱為 AI-generated Media 或 Generative Media。由於合成媒體是 AI 演算法經過深度學習後製作出來的媒體，因此也經常被人們帶著貶義稱作「深偽」（Deepfake）。合成媒體之所以重要，不只因為其屬性與元宇宙生態系統一致，也是因為雖然不管是過去還是現在，我們都會以數位構築世界、人和經濟，但過去現實世界和虛擬世界之間有著明顯的界限，現在卻不再是如此的關係。現在不僅已經形成了一個無論是在虛擬還是現實世界，真假皆能共存的技術生態系統，我們還正與一個沒理由去區分虛擬和現實世界的世代活在同一個時代。

合成媒體的發展有利有弊，弊在於我們不僅需要與假新聞或假資訊搏鬥，還需要為了區分真假付出金錢與精力；利則在於就算無人可用，我們也有替代方案能為我們完成工作。合成媒體對媒體業產生巨大影響的轉折點指日可待。

普及媒體與超情境的誕生

若以使用者為中心看擴增實境和虛擬實境，這兩者接近個人媒體，但若以空間為中心來看，任何有顯示器的地方現在都能成為媒體。也就是說，任何被擴增的環境和情境本身都能成為媒體。無論是牆上的數位標牌、公寓電梯裡的螢幕，還是捷運站柱子上的 LED 面板都是媒體。

從這個觀點來看，我們可以視擴增實境與虛擬實境為普及媒體（Ubiquitous Media）。虛擬實境指當我們戴上 VR 頭戴式裝置時，

我們周圍的所有東西都被虛擬化的情境，VR 能在任何地方顯示資訊。虛擬實境裡的世界本身就是顯示器，因此任何一處都能成為顯示器。無論在哪都能播放新聞、再生內容或顯示廣告。

雖然會像網路廣告一樣，無可避免地將有許多令人感到不悅或討厭的廣告氾濫，但由於具有空間的特性，與瀏覽器的版面配置相比，普及媒體的廣告或內容能被放在較為自然、不那麼礙眼的地方。

由於擴增實境也屬於物理情境（Physical Context），因此比虛擬實境有更多的局限性，但其能顯示針對位置、關注度、時間、環境進行最佳化的廣告，還能顯示 AR 內容。我們眼前的顯示器能將現實空間裡的任何一個地方都變成顯示器。雖然透過投影機映射在路面上、牆壁上的內容正被用作媒體，但虛擬實境和擴增實境能做出來的框架大小和可擴展性是無法比擬的。

在元宇宙的其他領域中，虛擬世界也不容忽視。媒體已滲透到了《第二人生》、《要塞英雄》。《機器磚塊》和《當個創世神》也一樣，《動森》和 ZEPETO 亦沒有太大的區別。

雖然在什麼空間被怎麼媒體化上會有所差異，但媒體正在以虛擬世界的使用者為對象，根據各自的特點，在這些空間占據著一席之地，各企業也正在這些空間流通內容和廣告。也就是說，網路瀏覽器上的媒體找上了虛擬空間。對數位媒體來說，以數位構成、連接到網路的元宇宙是一片新大陸，是一片尚未被發現的土地和機會。

Hyper-context w/adaptive curation

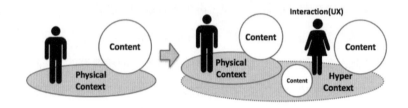

另外，隨著能夠認知多個情境、消費各種內容、與其他使用者互動，使用者今後會體驗到的媒體種類將遠多於過去，我們不會再只是消費特定內容或體驗少數幾個情境。超情境（Hyper Context）指的是這種透過連結而得到擴張的情境，以及在這裡消費、參與、互動的使用者所處的情境之最上層集合，其不再局限於以使用者和內容為中心的物理情境。

超情境能與其他超情境相連結，比起規模，以使用者為中心的關係和連結性更為重要。連結的進化帶來的新時代是一個超個人化、多樣性和細節被最大化、跨媒體的時代。比起供應商觀點的大眾喜好，消費者觀點的個人多樣性將進一步提升，使用者的投入度和參與度也將因為即時性和情境而跟著增加。超情境時代即將來臨，被連結的使用者創造的互動和經驗將成為內容的一部分。

跨媒體（Transmedia）

隨著數位媒體興起，「一源多用」（One-Source Multi-Use，

簡稱 OSMU）成了一種極為流行的趨勢。一源多用指將某一個內容以多種格式應用在多個平台上。也就是說，一個故事會被重製成各種型態後傳播開來，將網路漫畫改編成電視劇或電影、將書本內容搬上戲劇舞台後又被改編成電視劇，或是將小說改編成遊戲就是很好的例子。

2006 年亨利・詹金斯（Henry Jenkins）在其著作《聚合文化》（*Convergence Culture*）中，將「跨媒體」一詞定義為將一個故事世界透過各種媒體，以多種格式有機地相連並傳播的敘述方式。舉例來說，某個故事的開頭被寫在社群媒體上，後續內容被上傳到網路上，接著又被串聯到 YouTube 影片，最後以網漫型式結束的說故事方式，就被稱作跨媒體。

電影《屍速列車》上映後，前傳被製作成了動畫《起源：首爾車站》，這也可以視為跨媒體。漫威和迪士尼的世界觀也很常使用這種手法。

擴增實境和虛擬實境將會對跨媒體的擴散發揮非常重要的作用。由於需要在各種媒體平台開展故事，元宇宙正好是能用來推展故事情節，並讓使用者帶著高度投入感參與的最佳平台。此外，由於在元宇宙中能活用各種型態的媒體，其今後將能發揮巨大潛力。過去，跨媒體難以完成又複雜，故事情節必須跨多個媒體平台開展，與投入成本相比效率又低，參與人數還有可能在跨平台的過程中持續減少，因此並沒有顯著地擴散；但是隨著越來越多使用者喜歡個人化、有選擇性的故事，加上元宇宙技術的發展使我們能以低

成本建構出高度沉浸感的故事平台，今後的跨媒體將會發生改變。

　　我們將能在去電影院看電影前，先在虛擬世界體驗背景故事，然後在看完電影後進入虛擬實境，選擇其中一個開放式結局讓故事繼續開展下去，中途還能很自然地觀看串聯了故事和廣告的內容。我們未來將能讓一個故事開展出多個情節，參與者還能將自己的故事加進去，故事情節也會隨著當天觀眾的選擇發生改變。像這樣，元宇宙將會觸發「活在故事中」全面擴散。

娛樂業與體育業的未來

　　資誠（PwC）旗下全球娛樂和媒體部門負責人德博拉・伯蘇恩（Deborah Bothun）主張，想即時分享充滿沉浸感的體驗的顧客，將決定讓媒體和娛樂產生差異的下一個時代。她還在一份市場研究報告中指出，現在的顧客想跨越線上與線下的界限、變得更親近，並希望有更多機會參與，與他們喜歡的故事產生聯繫。[8]

　　娛樂業的未來與前面提到的媒體業並無太大的區別。企業提供的使用者經驗是否能實現顧客想要的價值，也在娛樂領域成了相當重要的條件。隨著娛樂業的競爭格局從行業內擴展到行業外，目前形成了一個非娛樂業的任何人都能成為競爭對手的環境。這些新玩家能提供娛樂業的現有玩家無法提供的充滿沉浸感的參與式內容、格式和平台，也因為如此，目前正在形成一個若現有玩家不建立強而有力的策略對此做出應對，將無法存活下來的局面。體育業的情況也相差無幾，如何快速且高度實現技術發展帶來的新顧客價值是一大關鍵。

　　AR 與 VR 技術是能夠滿足顧客目前的需求並創造新的使用者

經驗的核心技術，因此我們有必要更加關注其趨勢及未來。

沉浸式敘事與參與式格式

導演郭曔澤和技術總監具範錫共同製作的電影《邂逅記憶》是一部 VR 格式、片長 38 分鐘的浪漫愛情片。為了能在 4DX 電影院上映，這部電影加入了震動和觸感等效果，因此觀眾能用「全身」觀看電影。《邂逅記憶》的後期製作時間為普通電影的 3～4 倍，可見 VR 製作並不容易。此外，日舞影展、坎城影展、釜山國際電影節（BIFF）等國際影展也都出現了 VR 獎項，VR 電影無庸置疑是個趨勢。

VR 電影最大優點是具有逼真的沉浸感、能讓觀眾感覺自己彷彿就在現場的臨場感，以及會隨著觀眾的視線改變視角的真實感。製作 VR 電影時，必須考慮到現有電影的語法難以捕捉到的細節和多樣性，觀眾也有可能不會看著主角。有別於把所有的訊息和故事裝入一個平面裡，要捕捉 360 度的場景明顯是一大難題。

儘管如此，觀眾會從電影開始的那一刻起就投入其中，VR 電影會給觀眾比其他任何內容都還感受深刻、彷彿親自體驗的感覺。由於有這些優點，隨著各種技術上的局限性得到改善，VR 電影正在快速成長。

《拯救稻草人》（Scarecrow）是一場即時社群 VR 演出。[9]這部非接觸式社群表演還受邀參加了日舞影展的新先鋒（New Frontier）單元。負責演稻草人和治癒者的兩名演員會和兩名在全

球某個角落戴著 VR 頭戴式裝置、透過 VRChat 連線的觀眾站上虛擬舞台，開始上演一場即時演出。演員與參與觀眾會一起在翡翠樂園進行互動、開展故事情節、迎接結局。由於互動默契和密度會因參與者而異，演員每次都會感覺自己在上演一場新的表演，而對觀眾們來說，會即時做出反應的表演情境將成為一場既特別又充滿魅力的體驗。

《拯救稻草人》透過用 VR 製作的小規模表演，成功傳達了人與人互相交流的意義，這份嘗試引發了人們的讚嘆。正因如此，製作了這個演出的韓國藝術綜合大學藝術與科技實驗室不僅受邀參加了 SXSW，還在英國的雨舞影展上獲獎、大受好評。

目前，透過沉浸感讓觀眾深入參與的內容正在興起。由於製片商能在內容中加入一些可以讓觀眾進行互動的元素，Netflix 的互動式電影《黑鏡：潘達斯奈基》等內容才會有辦法蹦出 2D 畫面，出現在空間裡。我們可以理解成，原本主要用於 3D 冒險遊戲的概念和方式，現在被應用到了內容上。若比較過去和現在的 3D 電影，這兩者關鍵性的差異在於過去的 3D 電影是在平面上播放立體影像，現在則是觀眾置身於一個 360 度播放的空間裡。過去的 3D 電影屬於平面立體影像，充滿立體感的長槍和幽靈會朝我們飛來，因此我們可以說過去的 3D 電影接近現在的 180VR 影像格式。

今後，用 VR 製作的電影、電視劇、娛樂節目將逐漸增加，但由於無法在現有無線電視或 OTT 營運商的平台播放，初期主要將以電影或 YouTube 內容為中心增加。與此同時，將會有許多專

用平台營運商或發布 Oculus Quest Store、HTC Vive 版應用程式的初創企業登場。由於 VR 內容是專為 VR 頭戴式裝置的個別使用者所製，因此適合在經過個人化的空間與時間享受，而不是利用客廳電視等設備與其他人一起觀看。也因為如此，從內容製作到發行與觀看，這整個過程可能會與現有方式不同。估計 VR 內容今後會大力帶動強調沉浸感和參與的獨特內容市場的成長。

在 K-POP 熱潮下，有許多 MV 和演唱會影片等都被製成了 VR，粉絲們會感覺自己正在與藝人近距離接觸，也能享受充滿臨場感的演唱會，因此 K-POP 在娛樂業可以說是最具潛力的應用領域。如果再加上空間音效，觀眾將能聽到反映了其所在位置和方向、充滿臨場感的音效。

虛擬舞台與超大規模演出的時代即將來臨

受到新冠大流行的影響，表演產業持續處於低迷的狀態。許多藝術家和企業正不斷致力於利用數位技術尋找新出路，並取得了超出預期的成果。

2020 年 4 月，由女神卡卡領銜、國際倡議團體全球公民（Global Citizen）所主辦的《同一個世界：四海聚一家》（One World: Together at Home）在線上直播了長達八小時的演唱會，並成功募得了 1 億 2700 萬美元，當天一共有 2000 多萬名來自全球的觀眾線上參加了這場演唱會。此外，BTS 在線上舉辦的《BANG BANG CON》也吸引了超過 75 萬名粉絲，並圓滿結束了演唱會。

　　知名歌手們正在線上舉辦演唱會，參加的粉絲規模為線下的十倍至數十倍。多虧了有線上數位平台，著名歌手們變得有機會站上在線下時難以想像的大規模舞台。在《要塞英雄》舉辦的演唱會是史上規模最大的一場演唱會，其開啟了一個無關乎空間大小、能讓大規模人潮聚集在一起的新時代。

　　不僅是大規模的虛擬世界，人們也正在 VR 空間裡打造新的虛擬舞台。由於目前用來觀看線上演唱的媒介通常是 2D 螢幕，因此無法像線下表演一樣，能直接在現場與藝術家們互動或感受到其他觀眾們的熱情與歡呼聲。

　　而能彌補這些缺憾又能做出新嘗試的舞台就是虛擬實境裡的 3D 虛擬舞台。只要戴上 VR 頭戴式裝置連線，就可以觀看能用全身感受的演唱會；如果像 VR Chat 能進行全身追蹤，那還能一邊跳舞，一邊享受演唱會。讓－米歇爾・雅爾（Jean-Michel Jarre）就曾

在虛擬實境裡的虛擬舞臺上舉辦演唱會。

微軟在 Ignite2021 最後發表 Mesh 時，太陽馬戲團創始人蓋·拉里貝代走上舞台，帶亞歷克斯·基普曼來到入口，接著瞬間移動到了 Hanai World 裡。在這裡，不僅有用混合實境打造出來的巨大虛擬舞台，還有許多觀眾在享受演出。這個畫面展示了虛擬舞台的未來。

無論使用何種裝置連線，使用者都能在將於 Mesh 運行的 Hanai World 裡享受充滿沉浸感的表演，並能與身邊的人交流、談天、開派對。一場演出將不會再像現在這樣，只是在虛擬舞台上表演完就結束，藝術家與觀眾們將能一起歡呼、交流，觀眾與觀眾則能互相認識、玩耍。和線下演唱會一樣，能讓觀眾享受到各種體驗和演出，但又能實現更多想像的虛擬舞台的時代正在朝我們走來。

作為「飯圈宇宙」的元宇宙

現實世界裡正在誕生出許多偶像和藝術家。大家都有各自的世界觀，並且會與追蹤其世界觀的粉絲社群互動，最終在線上與線下形成一個只屬於自己的飯圈（Fandom）。隨著圍繞著粉絲的數位和網路環境發展，這個世界觀自然而然滲透到了虛擬世界，無論是在線上還是在線下，飯圈都在擴大。SM 娛樂的「Lysn」、NCSOFT 的「Universe」等粉絲社群都已推出了 App 版本，HYBE 則是將擁有全世界 230 多個國家 1300 萬名會員的「Weverse」與 VLIVE 合併成了更大的平台。

　　另外，在元宇宙裡也有女團誕生。2018 年，由韓國主辦英雄聯盟世界大賽時，銳玩遊戲（Riot Games）就在人氣遊戲《英雄聯盟》中推出了由四個虛擬角色組成的虛擬女團「K/DA」作為紀念。當時利用 AR 在現場公演中發布的出道曲《POP/STARS》一度登上了 iTunes K-POP 排行榜的冠軍寶座，截至 2020 年底，該曲在 YouTube 的觀看次數超過了 4700 萬，其另外公開的官方 MV 觀看次數更是超過了 4 億，人氣相當火爆。

　　「K/DA」由主唱兼隊長阿璃、主唱伊芙琳、Rapper 阿卡莉和擔當主舞的凱莎組成。後來獨立創作歌手瑟菈紛加入，K/DA 成了五人團。K/DA 目前就像現實世界中的偶像一樣活動並與粉絲交流。

　　2020 年 11 月，帶著「連接現實世界和元宇宙」的世界觀誕生的偶像團體「aespa」以《Black Mamba》一曲出道。該曲觀看次數僅在短短幾個月內就達到了 1 億 4000 次，相當有人氣。aespa 從一開始就是個多國籍女團，隊長兼主舞 Karina 來自韓國，主唱寧寧來自中國，主舞 Winter 來自韓國，Rapper Giselle 來自日本。

　　aespa 是 SM 娛樂為了推出「SMCU」（SM Culture Universe）而企劃的偶像團體。這四名成員的虛擬分身們生活在一個名為「KWANGYA」的地方。

　　這些虛擬分身的名字是在團員的名字前加「ae」，其被設定成會透過一種叫 SYNK 的方式與團員交流，而有個叫 NAVIS 的 AI 朋友會幫助他們與團員聯繫。此外，aespa 的團員可以利用 REKALL 功能，把虛擬分身叫到現實世界，和虛擬分身在現實世界見面或一

起表演。雖然這種設定多少有些牽強，但 SM 娛
樂確實做到了讓女團的活動與將現實世界和元宇
宙相連接的世界觀同步，做出了相當新鮮的嘗試。
而對將在今後擴張的世界觀來說，這可以說是個
相當有意義的起點。

　　像這樣，在娛樂領域，虛擬世界和現實世界
之間不再有界限，世界觀也正在向元宇宙擴張。
對熟悉行動（moblie）和元宇宙的 Z 世代及 Alpha 世代來說再適合
不過的變化正在加速，偶像們無論在哪都能舉辦公演、粉絲簽名會
和現場活動。

VR直播興起

　　直播媒體是新冠疫情爆發後需求確實增加的領域。既不能去
現場，也不能群聚，還是想即時體驗時，能夠選擇的就是直播。目
前會議、電視節目、體育等多個領域都在進行實況轉播，但由於是
單方面播放影片，因此存在著缺乏臨場感和沉浸感的局限性。為了
克服這些缺點、創造出更好的觀眾體驗，各界正在試著利用 VR 進
行各式各樣的直播。

　　VR 演唱會平台「Melody VR」主要業務為透過 VR 直播演唱
會和各種活動。在新冠疫情爆發前，英國的無線音樂節（Wireless
Festival）等活動早就已經有在進行 VR 直播。Melody VR 的安東尼‧
馬切特（Anthony Matchett）表示，會進行 VR 直播並不是因為新冠

疫情這種特殊情況所致，而是因為他們相信虛擬實境能讓藝術家和粉絲們能更深入地聯繫與互動。

蘋果收購的 Next VR 也早在新冠大流行前一年起就開始正式直播演唱會和體育競賽了。可見當時明顯已在社會上、技術上達到了臨界點。

許多競賽也試著進行了 VR 體育賽事直播，BBC、FOX 體育台等主要電視臺就和 PGA、NBA、NCAA 等合作過。NCAA March Madness Live VR 就曾一邊直播男子籃球賽，一邊銷售 VR 門票；FOX 體育台則與 VR 初創企業 Live Like 簽訂了合作夥伴協議，開設了一個可以觀看 VR 直播的平台並直播了賽事。

資料來源：vrscout.com[2]

　　VR 直播目前還存在著諸多局限性。在輸出訊號時，需要有能拍攝 360 度高解析度影像的特殊攝影機，現場則要有高速通訊網路，同時也需要能拍出充滿沉浸感的影像的攝影技術。觀眾則當然需要有自己的 VR 頭戴式裝置。幸運的是，隨著 Oculus Quest 2 越來越普及，VR 直播今後有望得到更大的發展。虛擬實境技術不僅會在受到新冠疫情的影響而需要非接觸式服務的環境下，幫助主辦單位舉辦臨場感十足的即時活動，其本身提供的特殊功能將會為 VR 直播的普及發揮重要的作用。

　　虛擬實境可以讓使用者自由移動自己的角度，因此觀眾可以購買從不同位置看出去的特殊角度。如果是棒球賽，觀眾可以選擇坐在實際球場的 VIP 區、啦啦隊站的前排座位、選手休息區正中央或捕手後面的裁判區。如果能即時近距離看著啦啦隊隊員一起應

援，或以選手們的視角觀看比賽，那肯定充滿了吸引力。在線下時
座位當然有限，但線上有著能無限量售票的優點。在不久後的未
來，我們將能即時體驗排球、足球、籃球等各種球賽能提供的特殊
鏡頭，各種賽事將能與全世界分享能即時與現場的選手和觀眾同在
的臨場感。

AR直播將創造的新的使用者經驗

擴增實境能將虛擬化資訊做成可以在任何畫面進行互動的覆
蓋層。我們能把專屬於自己的體育場搬到自己的房間裡，也能將只
屬於自己的演唱會舞台放在桌上。我們還能透過擴增實境，將未來
的比賽場地、演唱會場、公演場地召喚到我們的指尖上。在透過現
有螢幕轉播的畫面上疊加覆蓋層，也就是在電視轉播畫面或智慧型
手機上播放擴增影像，是我們最容易接觸到的型態。與單純播放影
像相比，這種型態能讓觀眾觀看互動性更高的比賽或表演。

AR 直播早在很久以前就開始被應用於美國體育賽事的轉播，
舉例來說，在直播美式足球比賽時，畫面中都會標註各球隊的進攻
模式和每條移動或進攻路線的機率。此外，AR 不僅會提供觀眾球
場內廁所和出口資訊，還會幫助觀眾找到指定的座位，或在虛擬大
螢幕上顯示比賽統計資料等顧客需要的各種資訊。隨著技術發展，
直播變得能加入更動態的內容和經過 AI 分析的資訊，讓觀眾可以
收看互動式擴增直播（Interactive Augmented Live Streaming），或利
用行動裝置做出虛擬雙螢幕。

以 NBA 籃球為例，由微軟的前 CEO 史蒂芬·巴爾默（Steve Ballmer）擔任會長的洛杉磯快艇隊就正在利用初創企業 CourtVision 的技術，讓球迷們能盡情享受賽事直播。

CourtVision 的技術不僅會在有需要時，在直播畫面中加入文字說明覆蓋層，讓球迷們能輕鬆確認是哪個球員在奔跑，還能像動畫在畫面中加入合適的對話框，做得像是選手們在說話一樣。此外，CourtVision 的技術還能利用累積的比賽紀錄，即時顯示投籃的成功機率、哪條路線的投籃次數比較多等各種數據和機率，幫助球迷快速理解情況。

ESPN 目前正在使用 NBA 的官方合作伙伴 Second Spectrum 的技術播放體育節目，畫面上會顯示球員的奔跑速度和路徑、傳球路徑等資訊，因此觀眾可以觀看充滿動態感又容易理解的比賽。為了讓觀眾們更容易理解賽況，並且增添樂趣，慢鏡頭和重播會利用 AI 重新調整畫面。

　　如果在現場觀看比賽時，用智慧型手機對準體育場，螢幕上就會出現當前比賽的統計數據和各種有用的資訊，觀眾還可以參考平時會在電視上看到的動畫覆蓋層來輔助觀賽。AR 技術目前也被用於英格蘭足球超級聯賽和美國職業棒球大聯盟。今後，奧運等我們能觀看的所有比賽都將被擴增後在我們的眼前進行直播。

　　就算不去體育場，我們也能一邊看電視，一邊用智慧型手機把賽場「放在」客廳桌子上。如果觀眾在家收看賽事直播時，打開 AR App「Immersiv.io」，把手機對準電視畫面，就能叫出虛擬體育場和儀表板覆蓋層，並將其放在想要的地方。這麼一來，AR 虛擬體育場上就會直播當前的比賽，手機畫面中不僅會顯示球員的速度、當前所在位置、得分統計資訊，還會顯示球場上球員們的各種資訊。

　　AR 直播也會對廣告市場產生巨大影響，我們可以利用 AR 覆蓋層，將直播畫面上的廣告換成與體育場播放的廣告不同的其他廣告，也可以針對特定地區或個人，在特定裝置上直播個人化廣告。

　　如果是在美國轉播的足球賽，那沒有打入我國市場的品牌就不需要對我們打廣告，國內廣告商則能在觀眾用手機螢幕叫出來的虛擬賽場上放滿個人化廣告，或配合比賽的節奏播放購買效果較高的商品的廣告。AR 覆蓋層技術早在很久以前開始就被用於虛擬混合數位卡片（Virtual Hybrid Digiboard）系統，現在則是變得可以針對每個觀眾的智慧型手機和各 OTT 營運商的服務進行最佳化了。

教育業的未來

　　教育是受新冠大流行影響最大的其中一個領域。由於病毒擴散，學生們幾乎無法上學，大部分的時間都得遠端上課與完成作業。剛開始，因為不熟悉網路攝影機、電腦、網路、Zoom 或上課環境等各種問題，幾乎所有學校的每一位教師都陷入了混亂，學生和家長也覺得很難適應遠端網路授課。但現在，大家已經習慣了這種上課方式。原本預計需要十年以上的時間逐步實現的教育線上化，僅在一年之內就半強制性地有了重大進展，並被社會接納。

　　現在，「教師就應該面對面指導學生」、「學校這個空間能帶給學生們的社會性和經驗任何東西都無法取代」這種觀念正在被扭轉，教育界正在一邊嘗試，一邊執行透過數位化和網路完成一切的社會任務。

　　2020 年，絕大多數學生去學校上課的時間大概不到三分之一，而且只能用 Zoom 與朋友交流，這些學生的家有一半以上都變成了學校。2021 年，新冠大流行沒有趨緩的跡象，許多學校仍然維持遠端授課。在疫情走向長期化的這段期間，線上視訊會議工具和學

習工具正在急劇發展；YouTube 或 MOOC 等線上內容平台開始大幅成長，各平台提供的內容也快速增加；元宇宙的生態系統也正隨著這種現象不斷發展。

由於遠端上課時，學生不容易長時間保持專注，教師也很難確認學生的學習效果，因此必須利用各種學習輔助工具和軟體來彌補其不足之處，而結果也顯示，在教育現場運用元宇宙，能夠取得最大的成效。

其實，Google 從很久以前就開始透過名為「Google for Education」的計畫進行了許多活動，以培養使用者的數位素養、支援使用學習工具，而新冠大流行發揮了比任何時候都還巨大的作用。線上學習工具、Google 的 Cardboard VR、Google Expeditions 的 Tour Creator 等軟體正在被廣泛應用於因為遠端授課而停止運作的教育現場。

新冠大流行也讓校方不得不將開學典禮或畢業典禮等重要的年度活動改到線上。儘管大多數學校都選擇透過 Zoom 或 YouTube 舉辦這些活動，仍有少部分學校希望以特別的方式讓學生好好聚在一起，因此決定將校園搬進元宇宙裡。加州大學柏克萊分校的學生就在《當個創世神》裡蓋了「Blockeley University」，並舉行了 2020 年的畢業典禮和為期兩天的音樂祭。在那裡，學生和教授紛紛透過遊戲中的虛擬分身參加活動與進行交流，每天還有直播團隊會透過 Twitch 直播活動五小時。

此外，Mojang 的樂趣總監麗迪雅・溫特斯（Lydia Winters）、
Twitch 的聯合創始人簡彥豪、雷蛇遊戲公司（Razer）的創始人兼
執行長陳民亮的虛擬分身也在《當個創世神》登場，還發表了畢業
演講。最後，虛擬分身們一起將學士帽扔向天空，當時的場面令人
印象深刻。

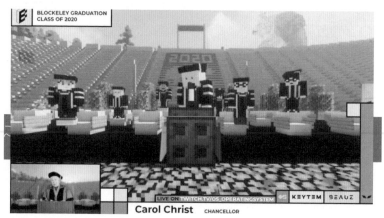

資料來源：blackmagicdesign.com[3]

資料來源：hankyung.com[4]

　　韓國的順天鄉大學則在 SK 電信開發的 JUMPVR 裡舉辦了 2021 年的開學典禮。為了以 Z 世代熟悉的方式歡迎新生入學，順天鄉大學決定在元宇宙裡舉行典禮。學校除了將學校操場和部分校園搬到元宇宙，還將虛擬的大學棒球外套當作禮物送給虛擬分身們。當天，2527 名被錄取的新生（實際出席人數為 2300 多名）利用行動 VR 出席了開學典禮，並在虛擬空間自拍與交朋友。

　　如果是在 YouTube 舉辦開學典禮，學生的記憶裡留下的只會是一場被動看完影片就結束的開學典禮。當然，因為是第一次嘗試，難免有許多不足之處，但光是在虛擬世界裡舉辦了原本在物理空間舉辦的活動這點就具有相當大的意義，這次的嘗試讓新生們親自體驗到了將在未來迎來的數位化轉型。

　　市調機構 Market Research Future 曾預測，全球虛擬教室市場（Global Virtual Classroom Market）將從 2017 年起每年增長 10％，並於 2023 年達到規模 120 億美元。不過新冠疫情爆發後，市調機構 Market Data Forecast 預測該市場將每年以 16.24％的速度增長，並於 2024 年規模達到 196 億美元。這兩份報告能看出，早在新冠疫情爆發前，虛擬教室就不斷在改變，而新冠疫情爆發後，變化速度更是進一步加速。也就是說，我們此刻正在經歷的變化，實際上是原本就在進行中的變化，也是今後要邁進的方向。因此，比起將新冠大流行視為危機，我們應該將看成即將改變教育模式的機會和轉折點；而經歷過這場變化的世代必須不斷嘗試和累積經驗，以成為主導數位教育創新的領導者，讓教育的未來更美好、更光明。

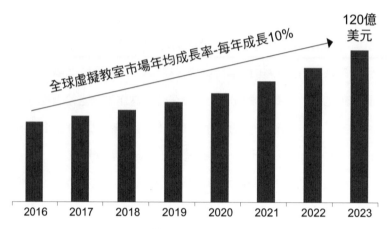

全球虛擬教室市場年均成長率-每年成長10%

120億美元

2016 2017 2018 2019 2020 2021 2022 2023

資料來源：marketresearchfuture.com[5]

互動和參與感將被最大化

線下教室最大的優點就是有學生之間的互動和參與感。但是，隨著教育制度越來越看重升學考試，課程也開始以考試為主，線下教室的優點正漸漸從教室裡消失。新冠疫情大爆發後，人們再次認知到了這個本質，以遠距進行的經驗正在融入教室，今後的教室將變成一個互動和參與感都被最大化的空間。

學生們不僅可以透過網路有效率地上集中課程，還能在上課時利用 AR 內容，立即參與或互動。就算學生們是在家裡透過 VR 連線，實際上與彼此相隔千里，一樣能進行密切的互動。《當個創世神》教育版不僅能讓學生們連線、互動、參與各式各樣的實習和體驗，它還新增了資源和模式，供學生們用於學習。此外，學生們能根據被賦予的任務，利用《機器磚塊》學習與開發遊戲或程式，

並在這個過程中和朋友們共同參與活動、愉快地交換反饋。

　　隨著數位教育領域活用 AR ／ VR 設備和元宇宙軟體，從小就習慣這種文化的世代變得能比上傳統課程時更快地進行互動。這些技術最大限度地提升了這個世代的課程參與度。這種效果不僅限於中小學教育。大學課程或成人的學習過程中，也能利用 VR 設備來提高參與度。此外，透過智慧型設備使用的 AR 軟體不僅能與內容進行高度互動，還能變成一個刺激學生與其他在同一個物理空間的學生進行面對面互動的要素。雖然所有人都是從不同的物理空間進入教室，但在虛擬世界的虛擬教室裡，學生們能感覺大家彷彿在同一個空間，在討論或做小組作業時，也會更有參與感。

將能得到個人化的學習經驗

　　每個人想要的和喜歡的學習環境皆不相同。由於現實世界的教室必須為所有人進行標準化，所以很難特別為了某個人進行最佳化；另外雖然家中的個人書房有較大的個人化空間，但畢竟是真實存在的物理空間，一旦布置好就很難改變，也無法把所有的想像都反映出來。不過，如果是在元宇宙裡的虛擬空間，我們就可以在軟體的限制範圍內盡情進行最佳化，也能夠根據想學習的內容打造出合適的環境，因此是用來打造個人化學習空間的最佳選擇。雖然現在的線上課程已經能根據個人學習能力、進度、興趣進行個人化，但還無法打造個人化的學習經驗。在虛擬實境和虛擬世界裡的個人化學習經驗會對物理空間產生影響，我們能利用 AR 軟體，在房間

各處擺放教材或資料並仔細研讀它們。在虛擬實境，我們可以把書房建在深山中的小木屋裡，也可以建在能看到巴黎的艾菲爾鐵塔、視野極佳的三樓。我們還能邀請朋友一起讀書、討論，或在峇厘島上某間能看到大海的咖啡廳看書。

學習不僅僅是物理性地翻開書本、畫底線、在筆記本上整理學習的內容，親自到現場學習、與想見的人見面、主動去找想了解的相關資訊是更重要的是學習模式。隨著我們能利用最合適的方法和工具來學習我們想學的東西，個人化的涵義將不再僅限於進度和科目上的差異，而是會擴大到學習環境的個人化。就算書房不大，我們也將能認識浩瀚無垠的世界，並視情況或心情改變空間。

將能實現沉浸式學習，並將學習效果最大化

我們將能利用虛擬實境進行沉浸式學習。就連對學習沒有興趣的孩子也相當喜歡進入虛擬實境探險與完成任務。透過這種方式學習感覺更像在玩遊戲，學生會發自內心地感到非常有趣，內在動機和學習目標也會更強烈。學生也會因為理解「失敗或做錯沒有關係，只要重新開始就好」、「就算是第一次接觸的事物，只要去學習就好」而變得更加積極。

在這些條件下，形成了一個能讓學生們沉浸於學習的環境。透過充滿沉浸感的現場和內容學習的效果，會比透過書本和文字學習好許多倍。因為是用我們的身體、我們的眼睛、我們的耳朵得到知識和經驗，我們能很快地理解，也不容易忘記，更不會覺得乏味

或無趣。此外，沉浸式學習會像遊戲一樣賦予學生任務，又能讓學生們像在現場實地學習，因此可以緩解因為新冠疫情而哪也去不了的煩悶的心情。

　　虛擬實境和擴增實境所帶來最強大的效果，是能創造出彷彿自己就在現場學習和體驗的感覺。這個現場可以是任何地方，甚至可以是人類無法抵達的地方，而且沒有時間、空間、規模和速度的限制。

　　比如說，我們可以利用擴增實境，將太陽系、星雲、木星的衛星系統、航海家號的探索路線、火星表面或月球背面放在我們的桌子上。我們能從無所不知的視角來眺望宇宙並了解整體原理，也能放大月球的隕石坑並進到深處。我們還能擴大原子或基本粒子並尋找夸克和輕子，或是分解 DNA 並認識螺旋結構。

　　虛擬實境能讓我們站在火星或月球上，甚至是進入烈陽的黑子。解剖動物時，我們不再需要奪取其他生物的性命，就可以反覆解剖與學習，而且就算沒有特殊工具也能非常仔細地進行觀察。我們還可以瞬間移動到太平洋最深的海溝或南極冰川學習。

　　現在，無論建築、歷史、醫學、物理、化學、生物、地球科學，所有領域與專業都有可能進行沉浸式學習。眾多內容將在 3D 元宇宙裡再次占據一席之地。在這個領域，將會誕生出大量新的內容企業和創作者。隨著原本以二次元形式存在的人類知識和經驗進化成三次元，或進化成穿越時間的四次元，時空旅行將會變成一種新的學習模式。

邁向合作及共同學習的時代

元宇宙裡並存著只屬於使用者自己的世界和與他人同在的世界。我們可以獨自一個人在海底探險、在美術館看梵谷的作品，也可以和朋友們一起堆積木、蓋房子、解決問題或與其他小組展開團體戰。

過去的課程大多以個人為中心，團體作業也主要是以小組為單位，但在元宇宙，我們可以進行更大規模的合作學習。我們可以和其他同學一起學習、研究蛋白質的摺疊結構，也可以利用擴增實境，一起在歷史遺跡上貼標籤、做小組作業。我們也能和其他同學利用《當個創世神》的積木實現科學原理、一起做實驗，也能採集海洋生物、展開小組任務競爭，或者進入歷史現場一起討論、一起解歷史問題。

當今的孩子們正在透過網路、跨出教室、毫無隔閡地與來自世界各地的朋友們見面、學習，逐漸成為「數位地球人」。這些孩子未來將能在元宇宙裡參與多大規模的合作與學習，令人期待不已。

實務學習領域的未來

AR／VR 技術的優勢是能夠創造出充滿沉浸感的經驗和不受局限的互動，這對實務學習（Practical Learning）和專業教育（Professional Education）非常有利。就算沒有實體工具或材料，我們也能學習各種技術上被準確實現的實驗工具或材料的特性，也可

以訓練使用方法，或直觀地學習各種裝備或工具的使用方法。

　　醫學領域需要用到人的身體和器官，又需要具有危險性的工具和手術設備，但如果用虛擬實境或擴增實境開發出程式，我們就能在沒有任何限制和風險的情況下，反覆訓練重要的流程或仔細觀察身體特徵。

　　AR ／ VR 技術也非常適合用於處理爆炸物和危險物品，這類作業可能會對生命造成威脅，又需要大筆經費，如果可以先在虛擬實境接受充分的訓練，再實際進行最終訓練，不僅能省下成本，還能帶來相當多益處。

　　AR ／ VR 技術也被積極用於軍事目的。在軍事領域，通常是先透過模擬器進行操縱無人機、飛機、坦克、重型裝備、導彈發射器等技術，接著才會在現實空間中進行追加訓練，而 AR ／ VR 是開發模擬器時會使用到的核心技術。

　　今後，大部分的公司將會利用 AR ／ VR 設備和軟體，學習如何使用新引進的裝備或軟體。如果機器或設備操作起來很複雜、需要經常進行確認或提供訓練，那 AR ／ VR 也將在這方面發揮很大的作用。在機械維修、電器修理等要求高度專業性和熟練度的領域，也可以透過 AR 指引加強實務能力。員工投入實務工作後也能使用 AR 眼鏡，在執行作業的同時不斷學習。此外，AR ／ VR 也相當有利於活用龐大的數據或學習時不漏掉重點。

　　AR ／ VR 的引進正在替職業訓練（Vocational Training）帶來巨大的變化。有一款 Oculus Quest 的遊戲叫《工作模擬器》（Job

Simulator），玩家可以透過這款遊戲間接體驗幾個職業。雖然這只是款遊戲，但玩家可以在充滿樂趣的情境下執行任務，從中體驗並學習某個職業的角色、功能與責任。

實際上，企業們正在開發各種能用於在職訓練（On-the-Job Training，簡稱 OJT）的軟體和內容，並將其應用於培育新員工。若這些軟體和內容的用途能被擴大到讓員工體驗職業，那員工們就能事前體驗自己想從事的各種職業或業務，確認自己的喜好或職能是否與預期的相似。

這種軟體或內容還能讓求職者或想從事某個職業的學生事先充分體驗後，幫助其找到自己想從事的職業，對想轉職或從事新工作的求職者來說也非常有用。隨著我們進入超高齡社會，這個領域也將成長為能提供必須從事新的經濟活動的老年人幫助的領域。

數位治療與醫療業的未來

數位治療（Digital Therapeutics）強調數位技術不僅能輔助診斷和測量，還能治療疾病。隨著最近管制逐漸放寬，加上各種感測器技術和智慧型手機 App 不斷進化，各種數位技術變得能被更積極地應用於醫療領域，目前就有戒毒 App 得到了 FDA 批准。這個領域充滿了許多可能性。

基本上，數位治療必須透過感測器偵測到的數據去開發軟體並帶來療效，因此目前仍存在著許多局限性，能應用的領域也相當有限。儘管如此，糖尿病、失眠、憂鬱症、失智症等多個領域目前仍不斷在進行研發，相信今後將會不斷取得令人期待的成果。

從這個角度來看，這個領域的黑馬正是 VR 與 AR。因為其介面能克服智慧型手機 App 和電腦軟體的各種局限性，而且 VR ／ AR 還能在需要更有沉浸感和真實感之互動的領域帶來飛躍性的發展。大腦相關領域是特別積極應用 VR ／ AR 的其中一個領域。

健康與教育 VR 新創企業 Virtuleap 的「Enhance VR」App 就開發了一個能用來訓練大腦的程式庫平台，其目前正被應用於提高記

憶力、認知能力、方向感知能力、問題解決能力等多種領域。據說
這個平台不僅能用於提高幼兒的學習能力，在幫助出現失智症初期
症狀的老年人減緩失智症惡化速度方面也有效果。以失智症為例，
我們可以利用患者這一生拍下的照片和影片，建立一套能進行階段
性、反覆性訓練的療程，來修復受損的記憶或提高下降的認知能
力。也有報告指出，根據患者反應，利用具有適當沉浸感的虛擬實
境重現過去能得到相當大的效果。[10]

　　虛擬實境在治療恐懼、創傷後壓力症候群、恐慌症方面也能
得到相當好的效果。韓國就有醫院開設了虛擬實境治療中心[11]，正
在運用各種方法為患者提供治療。
　　有報告指出，持續且反覆讓有懼高症的患者看站在高處、充
滿沉浸感的 VR 影像，能緩解患者的症狀。實際上，有許多企業和
醫院目前都在現場應用 VR。[12]
　　此外，隨著針對心理因素（例如：壓力、社交恐懼症、強迫症、
霸凌、孤立、厭食症、不安、心理創傷）引起之症狀進行了最佳化

的 VR 解決方案陸續被開發出來，低成本高效率的 VR 技術經常被視為數位治療領域的優秀案例。

　　「Virtual Vietnam」是為了治療越戰退伍軍人的創傷後壓力症候群而開發出來的 VR 程式[13]，其早已透過臨床試驗證明了具有相當好的效果。在那之後，這個程式進一步得到了改善，後來被實際用來治療經歷過越戰的軍人。在那之後，隨著「Virtual Afghanistan」與「Virtual Iraq」等後續程式被開發與運用，為了追蹤引發創傷後壓力症候群的事件或經驗並治療患者，醫療界進行了各種嘗試（例：反覆讓患者暴露於某個環境後進行心理治療）[14]，目前這種療法也被積極應用於類似的症狀。

　　AppliedVR 是一家基於 30 多年研究經驗全面開發 VR 治療解決方案的公司，至今已與 240 多家醫院合作，並為 3 萬多名患者提供了 VR 數位治療。AppliedVR 已成功取得了治療慢性疼痛、手術後的急性疼痛、焦慮症方面有效的臨床結果和效果驗證，並獲得了 FDA 的批准。其開發的解決方案目前不僅被應用於一線醫院，在

管理一般疼痛和焦慮症方面，也正被用作最積極的治療方法。虛擬
實境今後也將在數位治療領域得到爆炸性的發展並被廣泛使用。

醫療研究領域將打開新的局面

　　除了數位治療這個目的，虛擬實境也在醫學研究領域發揮著
重要的作用。虛擬實境不僅正被積極用於研究基因組，其應用範圍
還包含基於大數據的製藥研究，它能幫助我們旋轉、放大微小的基
因組和各種候選新藥物質來獲取資訊，並從更多角度進行更仔細的
研究。過去，研究人員很難一邊一起看著顯微鏡，一邊進行各種討
論和實驗，但由於現在可以將畫面放大到能用手觸摸的大小，因此
這一切都化為了可能。視覺資訊帶來了相當大的效果，研究人員變
得可以從各種觀點和角度分析問題，並想出各種點子。

　　vLUME 是基於奈米細胞超高解析度顯微鏡數據開發出來的
VR 軟體套件，是劍橋大學和 LumeVR[15]共同製作的視覺化分析工
具。它可以幫助使用者觀察自己的細胞，或從擁有數百萬個數據點
的龐大資料集提取數據模式、進行協作。[16]諾華（Novartis）正與專

門設計 VR 分子結構的初創企業 Nanome 利用 VR
進行虛擬協作，試著找出新藥候選物質。[17]

此外，新冠大流行導致許多實驗室關閉或無
法營運，而讓研究人員能利用虛擬實境從遠距進
行共同研究的最大功臣就 VR 環境。當無法使用重要的設備或進入
實驗室時，研究人員可以利用 VR 進行虛擬化實驗和研究，也可以
在 VR 環境與身處遠方的同事們繼續合作下去。

新冠大流行不僅使得差點就要花很久的時間才會引進的遠距
診療和遠距醫學研究系統得到了快速的發展和應用，還使研究團隊
的研究環境和習慣發生了巨大變化。新冠大流行進一步促進了遠
距合作，醫療界積極進行了以 Scopus、Google Scholar、PubMed、
ResearchGate 等研究數據庫為中心的研究和全球性協作。與新冠病
毒相關的研究更是活躍，據說當確診患者或疑似感染的患者被隔離
時，影片串流和 VR 就為相關研究提供了許多幫助。[18]

數位治療即將普及

隨著智慧型設備不斷發展與普及，數位治療也將全面普及。
新冠大流行使得韓國政府暫緩了對遠距診療和遠距處方的部分管
制。由於這類管制會帶來諸多限制，每個國家將會發展出不同的情
況。

特別是與智慧型設備連動、應用虛擬實境的領域正在飛速發
展，大量的數據正在不斷累積。隨著累積的數據增加，治療效果將

會進一步得到提升；隨著各種解決方案和治療用內容不斷被開發出來，其應用範圍將會擴大；而隨著大眾有所理解和認知，產業基層將會擴大。

當然，目前在市面上販售的 VR 設備是針對遊戲或娛樂領域開發的產品，因此要用於數位治療或醫療用途仍有許多不足或不適之處。因此，各大企業今後應該會研發具有適合用於這個領域的性能和功能的專業 VR 設備。

復健領域也正在進一步加速引進虛擬實境和擴增實境，AR ／ VR 的應用範圍正在從傳統復健中的肌肉骨骼系統的物理治療，擴大到腦損傷以及其他眾多領域。由於復健需要不斷反覆又枯燥乏味，虛擬實境的各種遊戲元素和充滿真實感的內容能幫助患者不會輕易感到厭倦，相當適合用於持續獲得治療效果。此外，就算沒有醫療輔助人員，患者也能自行復健，因此患者能在自己想要的時間和感到舒適的場所進行復健。

虛擬模擬器將被廣泛用於訓練

在醫護人員訓練方面，虛擬實境是最受關注的其中一個領域。為了提供醫師訓練，不僅需要有捐贈的屍體和動物，還需要有特定部位受傷的患者，而且需要經過患者的同意和複雜的程序，再加上由於沒有足夠病例，醫師們總是很難接受完善的訓練。但隨著 VR 訓練程式被開發出來，以及 VR 內容得到發展，現在使用 VR 模擬的訓練（Virtual Practice Surgeries）開始被全方位應用於醫療領域。

有研究結果顯示，與用傳統方式實習的醫生相比，利用 VR 模擬器反覆進行各種手術和病例訓練的醫生的醫療事故發生次數明顯較低，實際手術成果也更為優異。[19]

　　使用 VR 模擬器可以節省時間和費用。由於可以省略掉原本準備實習時需要跑的大部分流程，又可以大幅減少準備和實習時間，因此利用 VR 模擬器可以說是一個非常有效的方法。此外，由於能以最少的護理人員和營運人力，讓許多醫生接受訓練，因此同時可以大幅減少醫療事故。因為使用的是 VR 內容，因此可以將道德問題和排斥感降至最低；因為是 3D 程式，因此可以比傳統訓練更快、更仔細地觀察人體內部，並反覆進行手術實習，醫生們可以在真的動手術前，先做能作為參考的模擬訓練，從而得到好的手術結果。

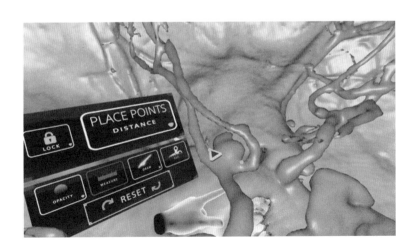

目前，已經有眾多的企業，例如 ImmersiveTouch、Medical Realities、ORamaVR、SimX、zSpace、OMSOxford Medical Simulation 等，開發了各式各樣的模擬器，並且正積極地將其應用於現場。未來，如果再進一步導入觸覺（Haptic）技術和感測器等技術，可以預期將出現大量適用於更多領域的專門模擬器，而這些模擬器將被應用於幾乎所有領域。

個人化遠距診療與虛擬照護

沒時間、不容易預約到看診、去醫院很麻煩是導致現代人忽視健康管理和預防的原因。如果利用虛擬實境，就可以又快又方便地接受定期健康諮詢、自我測試或預防診斷。讓人感覺彷彿與相隔遙遠的人身處同一個空間是虛擬實境的優點，我們可以去虛擬醫院，讓虛擬主治醫生或真人主治醫生看病、接受諮詢、拿處方。如果有需要，當然可以去實體醫院，但對必須定期就診或求方便的人來說，虛擬實境不但能幫忙節省費用，還能確保時間效率。

隨著數位技術和感測技術發展，只要有簡單的智慧型設備，我們就能遠距測量許多領域的生物特徵數據，Apple Watch 等穿戴式手環甚至可以測量心電圖，若能再進一步使用智慧型手機上的相機進行視訊診療，就有可能取得與直接去醫院看病一樣的效果。先不談是否會被管制，想要實現個人化遠距診療其實非常容易，而且我們將能因此即時接受有效的虛擬照護（Virtual Care）。

虛擬照護能夠發揮作用的另一個領域是提供追求情緒穩定和

幸福感的數位照護，例如消除壓力、治療失眠、正念冥想。我們將不再只是單方面消費心理治療或冥想內容，而是能與教練、心理諮商師、主治醫生等專業人員雙向交流，獲得對治療有幫助的數位處方，並透過智慧型設備接受實質性的治療，以及持續接受密切的諮詢和反饋。

虛擬照護可以降低人們容易忽視、通常不會去醫院接受檢查之症狀的門檻，並減輕需要與他人見面的負擔，從而提前預防各種文明病或防止症狀變得更嚴重，讓人們活得更健康。

協同診療與擴增手術

現在，醫生不但能利用電腦斷層掃描（CT）或磁振造影（MRI）獲得精密的醫療資訊，還可以根據這些數據進行 3D 建模。醫生也能透過 3D 圖像非常仔細地觀察患處與進行分析。另外，就算身處不同的空間，醫生之間也能輕鬆確認這些數據，並且同時看著相同資料討論患者的症狀和治療方法等，進行各種合作。

虛擬實境和擴增實境的擴散，使醫生們能遠距得到專科醫生的幫助，進行更精密、更高效的診療。也就是說，診療和治療不再局限於只能在醫院的網路內進行，VR 和 AR 變成了促進醫療領域開放協作和創新的重要催化劑。

醫生們可以在做完上面提到的虛擬訓練後進行擴增手術（Augmented Surgeries）。手術團隊可以戴上 HoloLens 等 AR 眼鏡進入實體手術室，AR 眼鏡的鏡片上則會及時顯示與手術有關的重

要資訊，手術團隊也將能接受遠距參與手術的專科醫生們的建議或幫助。

　　開創林白手術（Lindbergh Operation）、法國微創手術教育中心的馬赫斯克（Jacques Marescaux）教授曾成功在相隔 7000 公里的美國，遠距操縱法國的手術室機器人完成手術。他主張，如果進行擴增手術，便能在計畫階段時就找到有效的手術方法，因此不僅能確保高準確度，還能將實際手術時間縮短至五分之一。[20]

　　韓國也有在脊椎手術等多個領域進行擴增手術，並將其與內視鏡手術、機器人手術等手術相結合，取得進一步的發展。因此，若完善相關制度，這個領域今後將能再進一步得到發展。

製造業的未來

製造業相關產業是自動化程度最高的產業。
隨著可以流程化的部分被加入系統，傳統製造業
這類能以肉眼看見或以手工完成的產業正在逐漸
消失，並且正在升級。由於我們仍活在物理空間，
製造業創造價值的時間不會停止。隨著產業升級進一步發展、以原
子型為主的經濟正在加快多樣少量化生產及大量客製化的趨勢。在
這種趨勢下，AR ／ VR 的發展及其在製造業的應用範圍正在不斷
地擴大。

協同設計

最積極應用 AR ／ VR 技術的階段為製造前的設計及開發
階段。除了微軟的 Mesh 外，目前還有各種 AEC（Architecture,
Engineering, and Construction）協作工具陸續登場上市，而這些工具
能在我們設計時幫助我們提高產能和效率。舉例來說，身處不同空
間的專家和負責人能夠把 CAD 檔案或設計檔案上傳到虛擬空間、

一起進行腦力激盪、共同討論需要修改的部分或問題，以實現合作。

如果是汽車廠商，相關員工可以聚在 VR 空間分享完成的設計渲染圖、做出評價；如果是家電產品或家具設計公司，那相關人員可以套用各種室內裝潢或氛圍，一起感受實際套用時的感覺並協作。在線下時，我們能和因為身處不同地點或時區而難以見面的人協作，還能大幅節省時間和費用。

由於能與各個領域的專家合作、提高設計水準，協同設計（Collaborative Design）文化和經驗將成為各大企業的關鍵力量。

數位攣生

隨著 CAD 技術和模擬技術發展，數位攣生（Digital Twins）

正被應用於各種領域。我們能在開始生產設備或裝備前進行模擬，事先找出問題並進行改善，而在運行設備時，可以提高效率並進行最佳化管理。如果模擬的準確度隨著數據累積進一步提升，那便能實現與整個供應鏈管理（SCM）相關聯的智慧製造和大量客製化。

　　輝達之所以會試著透過 Omniverse 提供高準確度、高效的數位孿生解決方案，也是因為他們開發出了能完成高準確度模擬的平台技術。使用者可以利用這些技術將整個工廠虛擬化，事先模擬生產線的調整結果或機器人的配置結果。

　　如果在物理引擎 PhysX 中使用材料定義語言（MDL），那不僅可以模擬粒子或材料，還可以模擬流體。使用者還能將數位人用於模擬工具，調整操作者的工作流程、工作台高度、物料架的位置等工作環境的細節。實際上，福特汽車就利用數位孿生進行了模擬最佳化，成功減輕了員工們 70％以上的負擔。

虛擬訓練

　　虛擬實境和擴增實境會在訓練時提供使用者完全不同等級的經驗。AR／VR能虛擬化危險或複雜的系統，提供使用者彷彿在實際環境操作設備的經驗。有許多報告顯示，這種虛擬化訓練不但提升了操作人員的工作效率，還大幅降低了安全事故發生的機率。據說奇異再生能源公司就利用「Upskill」應用程式，讓操作人員進行了風力發電機的操作訓練，生產力改善了34%以上。

　　將透過虛擬訓練（Virtual Training）獲得的使用者數據反映在設備上，不但能防止操作人員在生產設備時失誤，還能最大限度地減少動線。此外，虛擬訓練不但能讓操作人員反覆進行訓練、節省時間和成本，還能根據操作人員的水準提供個人化訓練，因此虛擬訓練將會在現場變得越來越普及。

擴增輔助

　　擴增實境目前正在生產現場發揮巨大的作用，今後則將成為應用範圍最廣的技術。使用AR應用程式或戴上AR眼鏡，不僅可以在免持通訊設備的狀態下迅速與指揮總部溝通，還能即時分享現場情況和作業進度，因此相當有利於管理。AR眼鏡可以利用搭載的感測器捕捉重要的通知或資訊，還可以分析攝影機錄下的影片，快速確認有無異常或需要立即應對的事件，因此使用者能得到相當於配得一名助理專員的效果。

　　在進行比較複雜或難度較高的作業時，操作人員可以利用裝

置叫出手冊或說明書，一邊看著說明一邊進行作業；如有需要維修的零部件或需要保養的部分，也可以立即保養維修。實際上，AGCO 等農業設備製造商就曾公布，讓操作人員利用擴增實境後，組裝時間縮短了 25％以上，檢查時間也減少了 30％以上。

DHL、洛克希德・馬丁、奇異、波音、BMW、英特爾等無數家企業正在利用擴增實境。除了製造業，AR 的應用正在向物流、建設、建築等各種領域擴散。由於應用 AR 還能大幅減少安全事故，不僅是生產現場的操作人員，警察、消防員、軍人等各行各業的現場工作人員也都得到了不少幫助。

擴增輔助（Augmented Assistance）的功能將隨著 AR 眼鏡的價格大眾化、各種型態的外觀設計和有用的應用程式被開發出來而進一步擴大， 擴增輔助的市場也將會跟著成長。

工作方式的未來

　　元宇宙技術幾乎涉及所有產業，而對所有產業皆會帶來重大影響的共同領域，是工作方式的創新。在新冠疫情爆發導致人們全面進行居家辦公前，早就已經發展出了數位游牧、共同工作空間、數位辦公室等各式各樣的工作方式。隨著我們必須在同一個時間、同一個空間工作的必要性降低，加上與廣大地區的眾多合作伙伴協作或進行開放式交流的新創企業文化擴大，與過去數百年相比，近十年工作方式的變化似乎更大。在新冠大流行下，不同工作方式的社會接受度和發展速度急速加快，而讓這一切化為可能的，正是數位、網路、行動與 VR ／ AR 技術。

　　當我們必須遠距工作時，溝通變得非常重要。實際上，現在已有許多人正在使用各種視訊會議工具。但是在一邊分享資料、一邊進行共同作業，或一邊在白板上寫下點子、一邊開會時，依然存在著諸多限制。因此，軟體公司們發行了 Slack、Teams 等基於雲端運算的各種協作工具和創意作業工具，而這些工具正隨著被各家公司利用而變得越來越普及。

　　但是這些工具很難讓人有「自己正在與同事一起工作」的感覺，與在線下密切展開的討論和業務相比，又有點孤單、感覺不夠親密。如果有事急著問，就必須打電話或傳訊息。雖然企業們正在利用各種方法來彌補不足之處，但還是無法讓員工有「大家一起在辦公室工作」的感覺。這也就是為什麼有初創企業會選擇遠距辦公時大家一起連上 Zoom、麥克風關靜音、只開啟視訊，讓員工有「一起工作」的感覺。

　　Gather.Town 裡有可愛的虛擬分身和以 2D 介面構成的虛擬空間，使用者可以在這裡蓋學校，也可以建辦公室或會議室。虛擬分身可以到處走動，當其他人的虛擬分身接近使用者的虛擬分身，就會自動開啟視訊會議畫面，讓使用者能與周圍的人進行視訊通話，是個很有趣的服務。

　　我們可以在這裡建立虛擬辦公室，大家坐在自己的辦公桌前工作；有需要對話或報告時，則可以到對方的座位進行視訊通話；如果在約好的會議時間到會議室，就可以和會議室裡的人開會。Gather.Town 多少會讓使用者感覺自己似乎來到公司上班，這個虛擬空間平台不但能將工作空間元宇宙化、讓員工們有一起工作的感覺，還能改善生產力。

　　透過不斷完善沉浸感與現場感，AR ／ VR 技術正在發展成未來的工作環境。此刻，技術和社會意識正朝著足以引起變化的臨界點發展，人們的習慣和工作方式正在迅速改變。

虛擬工作空間與遠距協作

為了工作，我們原本需要準備物理空間。但隨著我們開始遠距工作、不再需要聚在一起，固定的物理工作空間的有效性正在下降。我們變得需要一個新的空間，讓相距遙遠的員工們能一起工作，而這個新的空間就是虛擬的共同工作空間。虛擬工作空間（Virtual Workspace）能讓使用者有「大家彷彿聚在同一個空間」的真實感，並讓使用者們有需要時可以一起討論、做出決策、提出想法、發送電子郵件等進行各種業務，其需求正在增加。

企業們正在利用虛擬實境，讓虛擬工作空間變得更多樣。隨著虛擬工作空間的需求和使用增加，相關產業的銷售額也呈現持續增長的趨勢。

Spatial 支援混合實境，目前正在打造一個能讓利用各種不同設備連線的使用者們協作的環境。使用者可以在同一個空間戴上 VR 頭戴式裝置，或使用智慧型手機裡的 AR App 呼喚身處遠方的其他使用者來進行討論、分享資料或數據；身處遠方的使用者則可以戴上 VR 頭戴式裝置進入虛擬空間。也就是說，沒有裝置的使用者能以原本的方式，也就是利用電腦進入虛擬空間、參加視訊會議，無論使用者在哪裡、使用何種裝置或設備，都可以聚在同一個虛擬空間進行協作。

The Wild 能幫助從事設計或 AEC 行業的使用者將共同工作空間進行虛擬化；AltspaceVR 和 Mozilla 的 Hubs 則會提供友好的使用者經驗，讓使用者能基於 3D 網路，輕鬆地建立分享空間、分享數

據、一起工作。其他像是 Rumi、Engage、vSpatial、glue、MeetinVR
等數不清的解決方案，能讓使用者做出各種不同的房間，或打造充
滿彈性的空間，並且在裡面與眾多團隊協作、開會。目前還有許多
新的解決方案正不斷被開發出來。

　　以虛擬工作空間為中心的遠距協作（Remote Collaboration）將
隨著企業需求增加，快速發展並普及，同時帶來更多的好處和變
化。實際上，各家企業就正在把辦公室空間轉化成可以協作或能彈
性工作的結構，減少其占用的物理空間。由於佩戴 VR 頭戴式裝置
並不舒適，比起需要長時間協作的工作，在虛擬空間裡，需要在短
時間內一起集中完成的工作，或非同步式共同工作空間今後將會增
加。

　　另外，由於是協作，雲端支援和相容性將變得越來越重要，
未來無論是在現實世界還是虛擬世界，都將能輕鬆分享現有的業務
工具並能相容。企業們今後將會改善介面，讓使用者能在虛擬空間
裡使用 OneDrive、GoogleDrive、Slack、Notion、Confluent 等工具，
而連動 API 將衍生出各種工作空間。

沉浸式工作環境

　　虛擬實境和擴增實境能為個人工作帶來更高的自由度和生產
力。就算沒有大辦公桌、大房間、大型顯示器，我們也可以在虛擬
辦公室輕鬆地做出這些東西。我們還能同時使用好幾個顯示器，或
隨意改變顯示器的位置和大小。就算我們人在吵鬧的地方，只要戴

上 VR 頭戴式裝置，這個空間就會變成只屬於我們的辦公室。

Facebook 的 Oculus 之所以會開發與沉浸式工作環境相關的 Infinite Office，有部分原因在於 Facebook 想最大化其優勢，以提升 Oculus 的銷售額、增加使用者的策略。使用者可以利用 Infinite Office，將物理空間裡的桌椅映射到虛擬空間裡，也可以將有物理打字感、便利度高的藍牙鍵盤和滑鼠，與虛擬實境裡的虛擬鍵盤和滑鼠進行映射，無縫使用。

正如 Facebook 所標榜的，Oculus 確實能消除現實世界和虛擬實境之間的界限，打造出具有無限可能性的虛擬辦公室。使用者還可以視情況，盡情變更辦公室的主題和版面配置。我們可以在幽靜雅致的小木屋建立辦公室，可以在能眺望大海的峇厘島度假勝地建立辦公室，也可以在整個華麗市景盡收眼底的紐約高樓大廈建立辦公室。如果使用者能在經過個人化、最佳化的虛擬辦公室，以高度的專注度完成高生產力的工作，那麼在工作方式方面將發生巨大的創新。

虛擬辦公室可以根據生產力和工作特性，非常靈活地進行各種調整。從畫畫的藝術家、設計產品的設計師、寫程式的開發人員到寫報告的企劃人員，使用者可以藉由改造辦公室來讓自己得到最高的生產力，也可以根據時間、心情、天氣，盡情改變環境。物理空間一旦裝修完畢便難以變動，但虛擬辦公室可以讓使用者變更除了工作內容以外的幾乎所有設定，打造一個能讓使用者集中注意力的全新工作空間。虛擬辦公室還能在我們想要適度取得休息時，變

身成一個能讓我們休息或冥想，可以緩解壓力或管理健康的空間，因此虛擬辦公室將會和各種服務與內容一起發展。

虛擬員工

　　原本基於 AI，在智慧型手機、聊天機器人、智慧音響裡運作的智慧型代理正在滲入虛擬世界。這個智慧型代理可以是虛擬機器人，可以是可愛的寵物，也可以是酷似人類的虛擬人。智慧型代理能聽懂人類的指令和要求並做出反應，也具有能對使用者的要求做出應對的各種型態和功能。在我們工作的時候，智慧型代理會變成虛擬員工（Virtual Employee）支援我們。虛擬員工不僅會變成祕書，為我們確認日程、預約會議，還會變成調查助理，幫我們找資料、做統計資料，虛擬員工甚至會扮演朋友的角色，為我們播放音樂、幫助我們休息，提供我們一對一的支援。也就是說，電影《雲端情人》中的莎曼珊將會進入我們的 AR ／ VR 設備。

　　由於虛擬員工幾乎不需要成本，也沒有工作壓力或基本需求，今後應該會有許多企業積極聘僱虛擬員工，將簡單的工作、輔助工作、個人化的支援工作交給虛擬員工處理。虛擬員工存在於擴增實境和虛擬實境並與雲端相連，負責處理與現實世界有關的業務。隨著這種虛擬員工的需求增加，現有雲端企業的事業範圍將會擴大，虛擬員工派遣公司、虛擬員工培訓中心、虛擬員工開發商等新興產業將有可能應運而生。

第 8 章

元宇宙創造的虛擬經濟時代

連結的未來

　　不斷進化的連結賦予了處於連結中心的個人力量及權力，正式開啟了個人時代，如加拿大哲學家暨教育家馬素‧麥克魯漢（Marshall McLuhan）所言，個人正在透過各種方式擴張，所有的媒體都是人類身體（能力）擴張的呈現。就像數位打造了媒體和媒體鏈一樣，個人透過互連的社群媒體，擁有比現有媒體更強大的影響力。能被無限複製與傳輸的數位世界，使得許多領域的邊際成本消失，長尾（Long Tail）[15] 仍無限分化中。

　　現在，個人能透過數位形式，例如文字、圖片、程式碼、音檔、影片，表達自己的想法或慾望，並讓其他人分享或消費。另外，隨著人與人之間的關係網互相連結，訊息能夠更快地被傳播與擴散。關係網連結性越強的人所發的訊息，以及吸引力越強的故事，這兩者的傳播速度與影響力越大；而當個人接觸到連結性強大的人時，正如連結到突觸般，會引發連鎖反應，形成一個神經網。

---

15 指那些原來不受到重視、銷量小但種類多的產品或服務，由於總量龐大，所累積的總收益超過主流產品的現象。

　　超連結時代的個人成為了連結中心，隨著連結的深度與廣度增加，人們的觀點也跟著擴張，個人透過無數互相連結的社群媒體，接觸到全球資訊和其他個人的想法與日常，同時間，圍繞著個人的巨大結構因無數連網設備的加入而出現了細微變化，原本隱於內的觀點和認知能力得以被他人看見。隨著周遭設備結合雲端，個人能使用的設備容量和智慧型設備數增加，個人的行動不再受限，能自由行動或改變自己所處空間。

　　無論個人身在何處，都會形成以位置資訊為基礎的情境（狀況情報）[1]，情境會連結起各個空間，而所有空間都以個人為中心，個人關係網的連結密度和大小決定了空間的密度及大小。該情境連起了各個空間，能即時感知環境狀況的變化，並作出相應反應。個人不管去到哪裡都能控制情境或與情境相互作用。我們習慣的物理空間逐漸被虛擬空間取代，甚至被視為數位空間的一部分，擁有了全新特性及功能。智慧型設備和擴增實境就是觀看這個全新空間的螢幕，同時也是編輯它的特性或賦予它新功能的工具。透過這些工具，我們能在現實世界的物理空間結合數位資訊和物件。當空間和資訊在情境中被合為一體，便產生了一層一層的擴增實境圖層。

　　像這樣子擴張的世界就像智慧型手機一樣具備行動機能，個人行動動線會變成資訊，被儲存、編輯與共享，從而增強情境。而當個人與個人相遇時，兩個個體的情境會在相遇的地點重疊，有可能會在兩個個體融合而成的新情境內，也有可能會在個體的獨立情境中誘發後續反應。

　　當個人與現實世界空間澈底隔絕，進入虛擬情境後，空間與時間便會開始無限擴張。基本上，數位虛擬情境能與任何事物連結，在情境中遇到的一切，包括物件、空間和人都能連上網。即使只是坐在書桌前，虛擬實境中的情境也能無限迎合個人所想，就連情境數也可以按個人想像，沒有限制。

　　虛擬世界的時間流速與空間世界觀是獨立的，個人可盡情在虛擬世界的範圍裡冒險、建設城市、結交朋友、合作以及競爭，創建一個平行世界。

　　個人通過虛擬實境進入的世界，是由個人電腦進入虛擬世界的多維版本。這個世界不是單一時間制的，它能實現時光倒流，能回到過去，也能前往未來。這是因為空間中存在空間，而空間的空間中又存在另外的空間。我們活在虛擬與現實界限逐漸瓦解的世界，直至我們的世界被想像全面支配。因此，「元宇宙」也可以指稱因個人連結造成虛擬和現實情境的界限逐漸消失的世界。

虛擬分身的進化

隨著虛擬和現實的界限消失，在增強圖層重疊，無限擴張虛擬時空的元宇宙裡，個人的存在不再獨一無二。在現實中，個人是唯一的存在，但在元宇宙中，個人是擴張的自我，每個人都擁有複數的分身與身分認同感。我們在數位世界中也擁有數十個分身。我們會在每個網站設置不同的帳密或大頭照，假如我們的帳號和大頭照能與現實中的我連結，那麼就算是不同的網站，這些分身仍可被視為是同一個我。這與玩遊戲不一樣。如果我玩遊戲時選了一個虛擬角色，替它取了一個假名，那麼這時候的我會變成另一種存在。ZEPETO 中的我、《機器磚塊》中的我，還有 Facebook 上的我都是不同的存在。在同一個世界裡，如果我用了不同的電子郵件和電話號碼進行註冊，儘管我人在同一個地方，我仍然能創造複數的我，創造不同的存在。在數位世界中，分身和身分認同感不用是一體的。

在元宇宙中，人們經常需要和其他使用者互動。比起只玩一次的遊戲，或是單純為了獲得資訊而停留，人們在元宇宙的連結是

長期的，會跟他人一起完成任務或作業。如果我們在各具特性的社群網站上，根據身分認同感去建立分身的話，我們在每個網站上交的朋友有可能會不一樣，所以在建立分身之前，我們必須好好地選擇如何表現身分認同感。

我們在 Oculus 中的分身，就有可能和我們在 Rec Room 或 AltspaceVR 裡的分身不一樣。雖然人們已經熟悉了混亂的身分認同感，不過在有感情、有關懷，也有標準價值的元宇宙中，人們還是非常努力地管理身分認同感，尤其是像 Facebook 和 LinkedIn 這種擁有現實世界認同感的平台。

多重認同感是元宇宙的一大優勢。想像一下，在想像力不受限的世界裡，我們能擁有無數個分身和身分認同感的「虛擬我」（Virtual Me），那麼原本不可能發生在現實世界中的事將不斷地發生。

就算在現實世界中沒有匹配對象，但人工智慧和機器學習的發展讓我們得以創造全新分身，像是意味著「以數位實現的虛擬」的超人類（Metahumans）、數位人（Digital Humans）、虛擬人（Virtual Humans）、人造人（Artificial Humans）、數位分身（Digital Doubles）；以及數位存在（Digital Being）與虛擬存在（Virtual Being），由於這些分身不是人類，所以我們用「存在」（Being）指稱。另外，假如分身跟藝人一樣有名，我們也會稱之為虛擬網紅（Virtual Influencer）。虛擬網紅象徵著分身大眾化的時期

已經來臨，最近企業也積極地嘗試數位分身。

Lil Miquela 是在 Instagram 上擁有 30 萬追蹤者的時尚網紅。她透過社群網站和年齡相仿的人分享她與男友 Blawko 的約會照和日常生活。不過，Lil Miquela 並不是真人，而是虛擬網紅、虛擬時裝設計師、虛擬模特兒與虛擬音樂人。作為時裝設計師的 Lil Miquelah 曾為《VOGUE》、《V》、《Paper》等現實世界的時尚雜誌拍過照，更得到過 Prada、Gucci、Chanel 的贊助。Lil Miquela 一手打造的 CLUB 404 品牌 T 恤和襪子一上市就被搶購一空。不僅如此，身為音樂人的她也發行了數位音源，在 Spotify 裡獲得高人氣。她是出生在現實世界，活在虛擬世界的虛擬人物，也是現實世界廣為人知、非常特別存在。

宜家曾於日本原宿開設快閃店。當時宜家在展示房中設置了數位螢幕，讓虛擬模特兒 Imma 在那登場，並且直播 Imma 在展示房內的一舉一動，例如組裝宜家家具、做瑜珈、挑選衣服等，直播的那 3 天，Imma 變成時下最受歡迎的虛擬網紅。

Reah Keem 是在 CES 亮相的 22 歲虛擬少女。Reah 不僅是住在首爾的 DJ 兼電音音樂作曲家，也是 LG 電子為了行銷而推出的虛擬網紅。她除了公開自己在 SoundCloud 的創作曲〈Comino Drive〉外，最近也在《動森》裡 LG 電子的 OLED 宣傳館蓋好時化身成可愛的人物登場。

三星發起的 Neon 項目創建了能輕鬆製作 Neon 人造人（Neon Artificial Humans）的 Neo 攝影棚（Neon Studio）。用戶可以在系

統內建的分身中選擇想要的角色，並按自己的需求調整設定值、輸入對白、客製化影片，短時間內就能製作符合自己期望且兼具多重用途的分身，這些分身還能輕易匯入其他服務平台或應用程式中。

　　三星此舉等同提供人造人大眾化解決對策，就像 NAVER Clova.ai 提供旗下配音員的配音服務幫助用戶錄製影片旁白一樣，Neon 提供了能個性化人造人表情、手勢和聲音的服務。人人都能用 Neon SuperStar 與個人秘書 My Neon 親自打造虛擬網紅。由此可見，我們不僅迎來個人擴張時代，也開啟了能輕鬆創造屬於自己的虛擬人類的時代。

　　遊戲開發商 Epic Games 以其虛擬引擎技術為基礎，開發了雲端串流應用程式「MetaHuman Creator」，用戶能夠利用現有遊戲製作時使用過的函式庫與製作工具，套用製作超人類的預設集（Preset）、皮膚、髮型和服裝，設計自己想要的表情動作，打造出精巧的虛擬人類放入遊戲或影片中。MetaHuman Creator 是免費服務，說不定會成為縮短人類時代進程的起動泵。

　　隨著虛擬人類的崛起，大眾對數位時尚的關注度也逐漸增加。數位時尚指的是藉由電腦繪圖呈現服裝視覺效果，沒有實體服裝，只有數位服裝的時尚。

　　數位轉型改變了設計師既有工作型態，許多設計師紛紛採用 3D 數位工具設計服裝，韓國 CLO Virtual Fashion 公司所開發的「CLO」就是相當具有代表性的工具。

資料出處：bbc.com[1]

CLO 不但可以輕鬆地將 2D 圖片轉換成 3D 數據，也能真實呈現衣料質感、穿在模特兒身上的感覺、光線與色調等，功能非常強大。據說它將原本為時一個月的產品開發週期縮短到約五天。現在，CLO 不僅被暴雪娛樂和美商藝電等遊戲製作公司用來製作分身的服裝，也是動畫製作公司的愛用工具。此外，CLO 還能提供虛擬服裝商品的資訊。在被製作出實體商品之前，我們所能獲得的視覺性資訊，其實就是所謂的數位時尚。

數位時尚不僅被應用在遊戲或動畫上，採用 AR 技術的虛擬更衣間等軟體也隨之誕生，我們可以掃描自己的身體，把數位服裝穿戴在輸入自己數據的數位模特兒身上。近來在新型冠狀病毒疫情衝擊下，實體時裝秀紛紛搬到網路上，那些模特兒身上穿的服裝也算是數位時尚。2019 年，媒體報導指出美國區塊鏈安全公司 Quantstamp 共同創辦人理查‧馬（Richard Ma）買下一件價值 9500

美元的數位禮服送給妻子。他在採訪中表示會委託荷蘭數位時裝公司 The Fabricant 為妻子量身訂製全球獨一無二的數位禮服，雖然這件禮服並不存在於真實的物理空間，但仍然是份特別的紀念品。這樣的故事正在成為現實。

　　斯堪地那維亞時裝公司 Carlings 推出的 Neo-Ex 品牌，是從《要塞英雄》中能夠更換的角色外表造型中獲得靈感後製作的數位時尚系列。Carlings 表示，製作不常穿的服裝會影響環境，實際服裝的大小和版型限制也很麻煩；相對地，數位時裝不會排碳，人們利用軟體就能輕鬆穿戴。當然，Carlings 並未販售實體服裝，而是打著花 11 ～ 33 美元就能穿上限量款數位服飾拍照的市場行銷口號，商品很快就被一搶而空。②

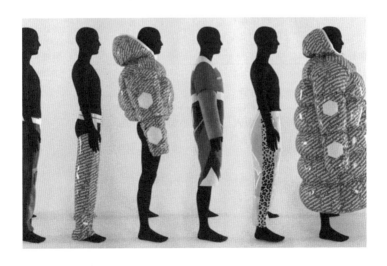

我們之所以不能忽視最近竄起的虛擬人類和數位時尚現象，是因為這與元宇宙的崛起有關。我們在現實世界中與透過數位實現的虛擬人類及虛擬時尚相遇，精巧到難辨真假的虛擬人類進入現實世界中，接待客人、播報天氣預報與新聞、進行美術館導覽服務。虛擬人類成為名人和 Youtuber，有了自己的粉絲俱樂部，影響力不輸真人的時代已經到來。這意味著數位技術逐漸成熟。不過與此同時，我們也得逆向思考，如果有一天虛擬人類進入了元宇宙世界，又會造成何種擴張性。

多重人類＆多重認同（Identity）

　　虛擬人類的原生數位（Born-Digital）屬性在數位中會更進一步擴大。一旦它們脫離現實世界的有限情境和劇本，進入元宇宙世界中，在那裡和我的「虛擬分身」相遇，用數位時尚打扮自己，它們在元宇宙世界中的可能性將超乎我們想像。

虛擬經濟崛起

　　有人說元宇宙的其中一個核心要素是虛擬世界內部運作的經濟體系。虛擬經濟意指擁有自己的通用虛擬貨幣，可用生產和勞動以滿足數位需求，並以物易物或貨幣交易的方式獲得數位財物的體系。在這個體系下進行的所有經濟活動都能被定義為虛擬經濟。

　　虛擬經濟體系可視為是激勵用戶與創造虛擬世界的可持續性的最強動力。《第二人生》中有用林登幣購買土地與建築物，並經營企業的經濟體系；Cyworld 有用松果購買房間裝飾道具的經濟體系；《機器磚塊》用戶可以親自創作遊戲與其他用戶共享遊戲而獲利；IMVU 或 ZEPETO 用戶儲值後就能購買道具和衣服。大部分的遊戲和虛擬世界的經濟體系都是獨立的，因此經營得有多好，以及能給予用戶的參與報酬有多高，正在成為虛擬經濟體系經營成功與否的標準。

　　元宇宙指的並不是某一個特定的虛擬世界，也不是單一虛擬實境中的社群網路。元宇宙代表的是所有數位虛擬世界的總集合，涵蓋了現實與虛擬的界限。身處現實世界的人類是該界限的媒介與

中心。就如同在現實世界中的人們會透過互動創造與交換價值那樣，元宇宙中各個虛擬世界的社會與經濟體系也各有特色。

　　元宇宙和現實世界的差異是元宇宙的用戶不會為生存汲汲營營，也沒有自我表現的慾望。如果有，多半是反映出現實世界的用戶狀態，我們可以看作是現實和虛擬世界會互相連結的最有力證據。現實世界的人類欲望是虛擬經濟的主要驅動力，現實世界中的組織、共享、價值變動、生產和消費的概念在元宇宙中也發揮了推動經濟的作用。

加密貨幣經濟 vs. 法定貨幣經濟

　　在區塊鏈技術應用對象中，最能反映出人類慾望的就是加密貨幣。2008 年，華爾街的貪婪和現有金融體系失去社會信賴，被要求自我反省的聲浪高漲。當時，Satoshi Nakamoto 實現了自己某篇論文與隔年將提交的論文內容。他於隔年一月時發行的比特幣「創世區塊」（Genesis Block）是虛擬貨幣的先河。雖然虛擬貨幣依然不穩定，質疑聲浪不斷，不過在這 10 年間虛擬貨幣引領著眾多變化，正在長成足以影響現實實體經濟的存在。

　　在能上網的電腦設備上運行演算法挖掘虛擬貨幣並流通使用，所謂的數位資產正形成全新的價值體系，人們正在去中心化的網路上形成新的架構，並朝著更好的方向發展。這種以區塊鏈為中心的新經濟體被稱為加密經濟。長久以來，我們都生活在以法定貨幣為中心的經濟體系中，但如今我們正活在兩者的模糊界限。

元宇宙與區塊鏈的連結

元宇宙包含了虛擬世界和現實世界的界限，也就是由位元（Bit）組成的世界和以原子（Atom）組成的世界的界限，以及由位元推動的加密貨幣經濟與屬於實體經濟的法定貨幣經濟的界限。虛擬經濟中的加密貨幣經濟具有反映現實世界人類慾望的特質。這也是為什麼最近登場的元宇宙服務和虛擬經濟初期都是先發行自有貨幣，再推動虛擬世界的營運。舉例來說，社交平台 IMVU 推出了加密貨幣 VCoin，而架構在現實世界地圖上的虛擬房地產交易平台 Upland 也發行了 UPX 通用貨幣。

目前元宇宙內大部分的虛擬世界代幣或貨幣都是以區塊鏈為基礎，相互交換也不會有大問題，充分體現了有親和力的數位生態系統特色。因此，只要能解決虛擬貨幣的必要性、效用價值和現實世界法規問題，元宇宙中的虛擬經濟隨時都能走向虛擬貨幣經濟。

遊戲代幣、遊戲道具市場和遊戲點數都屬於虛擬經濟，而它們的價值在很久以前就獲得了認可。這一部分早已是一個規模龐大的市場，已經習慣用法定貨幣換虛擬數位代幣或物品的我們，並不會感受到實體經濟轉換到虛擬經濟的差異。不過，由於其本質蘊含著引發巨大變化的動力，我們還是有必要關注它的未來趨向。

Facebook Diem與虛擬經濟

全球最大社群網站 Facebook 長期以來都關注著虛擬經濟，假如網路虛擬經濟順利推動，其可望創造龐大的資產規模，並能達成

企業永續經營目標。

　　虛擬貨幣（Virtual Currency）大略分為幾種：（1）標準型：單一遊戲或單一虛擬世界中的點數，用戶可獲得與使用點數，但不能把點數換成貨幣或法幣。（2）溢價型：用戶可用法幣購買該虛擬世界中的自有虛擬貨幣或信貸，其他特性與標準型虛擬貨幣相同。（3）道具型：用戶可以用法幣買賣或交換，就像百貨公司禮券一樣。（4）貨幣型：就像現有的加密貨幣，線上和線下都能使用，可以自由轉換和交換法幣。Facebook 的虛擬貨幣 Diem 就屬於貨幣型，在 Facebook、Oculus VR 生態系統和現實世界中皆能使用。

　　Facebook 於 2019 年除去了現有虛擬貨幣的巨大變動性，推動追求穩定經營的穩定幣（Stablecoin）項目，並發行了虛擬貨幣 Libra。起初，由於 PayPal、萬事達卡、eBay 等知名企業相繼加入，該項目一度備受矚目。但隨著監管當局和金融界將之視為威脅現有金融秩序的挑戰，以及否定與反對意見聲浪高漲，Facebook 不得不暫時中斷項目。

　　近期，中央銀行數位貨幣（Central Bank Digital Currency，簡稱 CBDC）的發行成為熱議話題，Facebook 隨後將 Libra 改為「Diem」，並將旗下虛擬貨幣錢包 Calibra 更名為「Novi」，幫 Diem 鋪墊前路。雖然 Facebook 耗費心力想獲得監管當局的批准，但仍是難關重重。假如 Diem 能順利推出，Facebook 將成為一個龐大的元宇宙金融帝國。

虛擬資產與數位所有權

　　如果在虛擬經濟中需要虛擬貨幣才能交換價值，那麼我們需要虛擬資產才能累積價值和投資。在虛擬經濟中能內化價值的對象稱為「虛擬資產」（Virtual Assets 或 Virtual Property）。韓國法律將其明文定義為「作為具有經濟價值的電子交易或具有可轉移性的電子信物與其相關權利」，同時也明確規定虛擬資產不包括「遊戲中獲得的有形或無形產物、電子貨幣、電子股票與票據」等。日後《特定金融交易資訊報告及利用等相關法律》（簡稱特金法）進行修法，也將虛擬貨幣納入了虛擬資產，不過虛擬資產仍不屬於金融資產範疇。（編注：台灣中央銀行於 2021 年 11 月「中央銀行數位貨幣〔CBDC〕整備狀況以及如何因應加密貨幣跨入金融市場」專題報告中提到，比特幣等虛擬通貨視為虛擬資產或商品，而非貨幣。）

資料出處：dailymail.co.uk[2]

　　虛擬經濟內的另一個要素就是虛擬商品（Virtual Goods）。虛擬商品指的是在網路上流通的數位型態商品，在元宇宙中大多是道

具，像是提升分身能力，具有特殊功能的武器或工具一類功能型商品，或是保養品、服裝、飾品、能源或燃料一類的消費型商品，通常可在虛擬世界中獲得或購買。

　　虛擬商品看起來和虛擬資產大同小異，因此很容易被混淆。不過，兩者確實存在差異。區分虛擬資產和虛擬商品的方法是：（1）所有財物是否具有競爭性（Rivalry）：虛擬資產是無限且具有競爭性的，虛擬商品則是可無限流通的。（2）價值是否能維持：虛擬資產和有沒有連上網無關，能持續維持當前的價值；相反地，虛擬商品只有連上網時才能使用其價值。（3）虛擬價值的附加價值可能會因用戶而上升或下滑。（4）虛擬資產能生產和交換，也可用實體貨幣直接或間接買賣，但虛擬商品只具備部分功能。

　　2007 年，《魔獸世界》的玩家之間進行了擁有埃辛諾斯戰刃（Warglaive of Azzinoth）的帳戶 Zeuzo 交易，價值 7000 歐元的天價成交額在網上傳得沸沸揚揚。這件事算得上是虛擬商品轉換為虛擬資產的實例，而類似事例在以元宇宙為中心的虛擬經濟中並不少見。2010 年，在《安特羅皮亞世界》（Entropia Universe）的虛擬遊戲世界中，玩家約翰‧賈伯（John Jacobs）用天價 63 萬 5 千美元賣出當初貸款 10 萬美元買下的夜店「不死俱樂部」（Club Neverdie），他把賣出後賺得的利潤投入了網路新創事業的投資創業資金。加密貨幣在 2018 年進入鼎盛期，架構在以太坊（Ethereum）平台上的虛擬貓咪交易網站 Crypto Kitty，以 17 萬美元[3]高價賣出了稀有品種的數位貓咪。

　　Decentraland 是以網路 VR 方式體現的三維虛擬實境世界，以 9 萬個 10×10 公尺的地塊（LAND）構成，相當於新加坡六倍大。Decentraland 以以太坊平台為基礎，所有地塊的行情、交易和所有權都被記在了區塊鏈帳本。在 Decentraland 使用的是旗下加密貨幣 MANA。位於 Decentraland 城市中心的創世城廣場（Genesis Plaza）的成交價高達 27 萬美元。最低廉的外廓（Edge）地塊交易市價也約達到 700 美元，Decentraland 負責人阿里・梅利希（Ari Meilich）曾公開表示 Decentraland 累積交易額超過了 5000 萬美元。此外，我們從最熱門的虛擬房地產線上遊戲《第二人生》，以及用戶瘋搶以現實世界地圖為基礎的 Upland 與 Earth2 的虛擬房地產現象中，可以看得出人類看待有限財物的慾望一如既往。新型社群虛擬貨幣 $BitClout 的崛起刺激了個人的社會價值和品牌實力價值，就像人們會購買 $BitClout 一樣，其他社群網站跟著發行與個人價值成正比的創世幣（Creator Coin），在多方因素引發的期待和爭議之中提供服務。用戶們使用自己的 ID 帳號發行個人貨幣，至於個人貨幣的價值則取決於大眾對其貨幣進行多少投資成正比上漲，這種特殊結構可以說是將個人社交品牌轉換為虛擬資產的新嘗試。

在體現數位化的元宇宙中，虛擬資產的新價值累積手段登場，以區塊鏈為基礎的虛擬貨幣變成了一種新興交易手段。虛擬經濟具備了轉型局面的潛力與破壞性創新能力。過去數位改變世界的原理始於無限複製和傳播性，如今數位擁有了全然相反的特性，那就是有限性和所有權，並且正在重新創造價值。

資料來源：github.com[3]

非同質化代幣（NFT）與唯一性

2021 年 3 月，創業 225 年的佳士得拍賣行正在進行一場拍賣，氣氛緊張。由於新冠大流行，佳士得的實體拍賣會改為線上舉行。由數位藝術家 Beeple 在 5000 個日子裡創作出的 5000 張圖片拼貼而成的一個 JPG 圖檔、全球僅有一件的數位作品《每一天：前 5000 天》

（Everydays: The First 5000 Days）正被競拍中，這是佳士得拍賣行首次進行 NFT 藝術品競拍，起標價為 100 美元，拍賣結束時，畫面上顯示的最終成交價是 69346250 美元。

與此同時，隨著數位所有權一起崛起的真偽和唯一性正強烈撞擊世界，因為利用區塊鏈技術可以確認數位作品是否為全世界獨一無二的真品。區塊鏈擁有能留下所有權和交易紀錄的數位帳本，使得數位作品可以成為全世界獨一無二的存在，並創造數位成為資產的有限性價值。

這樁 NFT 競拍之所以重要是因為它開啟了數位藝術、音樂和照片等成為有限資產的前路，照亮了巨大市場規模前景。元宇宙中的大量資源被 NFT 取代，成為了固有資產，其中虛擬經濟將成為規模龐大的市場。正因如此，人們產生了把現實世界的慾望帶入元宇宙實現的強烈動力。

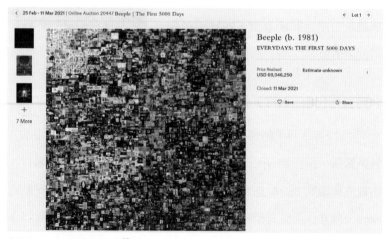

資料來源：coinmarketcap.com[4]

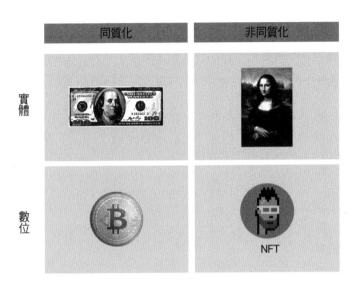

NFT 是不可取代的代幣。全世界僅此一件的藝術作品，或手寫樂譜，或小說原稿等，雖然在現實世界裡是具有有限性的不可取代之存在，但在虛擬世界中並非如此。在現實世界中，如果有人想複製或仿製原本，必須取得技術或執照認證，像是數位版權管理（Digital Rights Management，簡稱 DRM）之類的，數位世界雖然沒有這一類東西，但數位世界所創造出的原本數據能被複製成多份。不管是實體貨幣或虛擬貨幣，都必須存在可替代性、可交換性、有充足的數量，而且要能流通才行。不過 NFT 和虛擬貨幣不一樣，每一個 NFT 都是全世界獨一無二的。

現在，OpenSea、SuperRare 與 Foundation 等能進行 NFT 交易的數位市場平台正在陸續登場，並提供鑄造（Minting）、畫廊、

租賃、諮詢等服務。加拿大歌手格蘭姆斯（Grimes）的數位藝術品就賣了 600 萬美元；Twitter 創始人傑克‧多西（Jack Dorsey）的首則推文以 250 萬美元賣出；以 NFT 形式體現的 Decentraland 每天進行虛擬土地買賣；類似過去虛擬寵物遊戲電子雞（Tamagotchi）的 NFT 區塊鏈遊戲《Axie Infinity》的地塊（Parcel）賣價曾高達 160 萬美元。

　　驚人的交易數字屢屢登上新聞，刺激了人們的原始慾望，而隨著一切變成常態，我們的日常生活將會產生更巨大、更強烈的變化和衝擊。

資料出處：nftplazas.com[5]

虛擬經濟的爭議和局限

　　虛擬經濟想要脫離現實世界還存在諸多局限性，再加上爭議不斷，所以迄今規模依然小於主流實體經濟；但不可否認，虛擬經濟的規模正在擴大，人們的數位生活占比越來越大，使得虛擬經濟的相關爭議成為了亟需改善與解決的問題。這些爭議與其說是全然屬於虛擬世界，說到底都來自現實世界的人類慾望、貪念、希望和革新的意志，是和現實息息相關的問題。從現階段我們可以看出，資本和價值的占比越大，問題的規模就越大。

（1）可信度不足

　　虛擬經濟的主體大多是民間企業，因此可信度較低。就算虛擬經濟的區塊鏈技術有一定的可信度，人們也很難信任良莠不齊的交易所或特定服務。不過也有人持相反意見，認為這些技術是能建立現有經濟體系或金融業可信度的解決對策。對此，我們需要好幾個世代的人一同付出長期努力，以期達成社會共識。

（2）安全性不足

　　許多交易平台、加密貨幣、竄起的全新商業模式及首次貨幣發行（Initial Coin Offering，簡稱 ICO）[16] 等的安全性得不到保障。目前，伴隨高風險高收益的安全性補救措施和制度尚未完善，因此時不時會傳出虛擬經濟相關的詐騙事件。去中心化是虛擬經濟的特性，安全性是每個虛擬經濟的主體都得想辦法完善與解決的課題。

（3）波動性和揮發性大

　　虛擬經濟市場容易受到擁有鉅額資本的散戶影響而漲跌，對法規制度和當前議題有著敏感反應，波動非常大。這是主流經濟否定以區塊鏈為主的虛擬經濟的最大主因，也是不承認其價值的依據。儘管政府主導的數位貨幣和穩定幣正在進行多項嘗試以解決這項問題，但在將可控的變動性和揮發性充分引入虛擬經濟中，形成可續性價值之前，這項爭議暫時不會結束。

（4）透明度不足

　　雖然區塊鏈帳本和基礎技術可以透明化，但虛擬經濟的主體、企業和資金流向大多是不透明的，如果利用了防追蹤的技術，問題還會更嚴重。此外，虛擬經濟的去中心化哲學，很容易受到中央化交易所、挖礦組織和技術社群的影響，所以透明度和可信度是一脈

---

16 介於群眾募資和首次公開發行（IPO）的公開募股行為。

相通的議題。

（5）低效率性

眾多低兼容性的技術和協議氾濫，交易費用不用多提，還有管理階層的低效率作業方式。此外，採礦過程會消耗大量電力和運算能力，為了確保可持續性，技術專家們需要投入更多的努力和時間來提升效率。

（6）資安漏洞百出

虛擬經濟主要使用開放原始碼創造的技術，就算使用了三、四重資料加密演算法，但寫程式的畢竟是人，因此虛擬經濟常暴露在安全漏洞、個資曝光、駭客攻擊的高風險情況下，更別說在 ICO 過程中，大量加密貨幣被駭，資安防護不足的交易所金鑰被盜等各種事件時有耳聞。過去，虛擬貨幣價值低或在現實世界中根本不具價值時，資安需求相對低，但隨著虛擬經濟的規模和內在價值日益擴大，未來將引發更大的資安議題和爭議。

（7）法規和社會接受性的差距大

監管當局對具有新特性的新技術或價值體制只能採否定態度，因此對於影響現有制度的革新變化，監管當局必然會發揮遏止作用。監管當局和追求革新的社會之間的代溝，決定了社會革新的程度。當社會革新速度過快或結果將帶來巨大影響時，新出現的事

物很容易因法規的限制而陷入困境，或是因既得利益者的反對而付諸東流。上述情況並不少見。讓社會的接受性和法規體制達成一致步調，從而建立社會共識和制度化體系是虛擬經濟的最大挑戰。

（8）賦稅和公平性的爭議

跟所有資本主義社會下的系統一樣，虛擬經濟在社會上創造的價值，需付出適當補償和稅金以維持社會平衡性或普遍性福利的完善制度才行。不過，引領虛擬經濟的技術變化和挑戰的速度既快又具有破壞性，建立合理、客觀，又能兼顧法律普遍性的體系和制度的後盾目前還是空談。當牽扯到這方面的爭議出現時，總是一再出現例外情況，欠缺公平性和一貫性。儘管不容易，但在社會彈性、市民意識與包容性的基礎上，達成數位經濟賦稅政策的共識，朝正向方向前進是必須的。

第 **9** 章

你是一級玩家嗎？

METAVERSE
抓住機會投入充滿無窮潛力的時空吧！

電子遊戲製作公司雅達利（Atari）成立於 1972 年，發行過賈
伯斯喜愛的遊戲《乓》（Pong）、益智遊戲《小精靈》（Pac-Man）
和射擊遊戲《爆破彗星》（Astroids）等數百個遊戲，是 1970 年代
引領電子遊戲大眾化，具有歷史意義的企業。雅達利在 1977 年推
出雅達利 2600（VCS）家用遊戲機，當時舉著遊戲手把的人們在
電視機面前狂熱歡呼享受玩遊戲的樂趣，雅達利一度被選為人們最
嚮往的企業。

在「1983 年美國遊戲業大蕭條」（Video game crash of 1983）
之前，雅達利風靡整個時代，由史蒂芬·史匹柏導演執導，改編同
名小說的電影《一級玩家》第三個任務中登場的就是雅達利 2600
遊戲機，該任務內容就是 1979 年上市的《魔幻歷險》（Adventure）。
《魔幻歷險》是遊戲史上第一款動作冒險遊戲，編寫它的程式設計
師起先把它藏在遊戲彩蛋中。因為遊戲內容跟電影設定一樣，對於
知道這件事的用戶來說，《一級玩家》不但是一部科幻電影，也是
一部能喚起往日回憶的復古電影。之後，雅達利發行了自己的加密
貨幣 ATRI，將電子遊戲、網路金融和區塊鏈連結，在 Decentraland

建立了賭場和遊戲室。

　　《一級玩家》出現了天才開發者詹姆士‧哈勒打造的虛擬實境世界「綠洲」，主角韋德‧瓦茲在綠洲裡的代稱是「圓桌武士珀西瓦里」，以英雄之姿挺身對抗大型企業IOI，守護綠洲。《一級玩家》的電影設定被懷疑是致敬小說《潰雪》的主角英雄。在《一級玩家》中，虛擬世界和現實世界的比重為6：4，前者占比遠比後者多。而從完成任務後詹姆士‧哈勒現身的告白中，我們可以得知，雖然虛擬世界比例更大，但重要的是留下一個現實世界的結局。

　　我創造綠洲是因為不適應現實，不知道怎麼與人溝通。我這輩子都很害怕，在我的生命到了盡頭的時候我才明白，現實世界是可怕又痛苦的地方，同時也是一個能吃到熱飯的地方。因為現實是真的。（I created the OASIS because I never felt at home in the real world. I didn't know how to connect with the people there. I was afraid, for all of my life, right up until I knew it was ending. That was when I realized, as terrifying and painful as reality can be, it's also the only place where you can find true happiness. Because reality is real.）

　　元宇宙並不是由人們想像已久的虛擬世界和不斷發展的虛擬實境與擴增實境等技術所創造出來的。如同《一級玩家》描述的那樣，元宇宙是由現實世界的我們進入了虛擬世界，並照著我們的想

像擴張虛擬世界，再從虛擬世界回到現實世界而形成的。

　　元宇宙和我們過去玩的電腦遊戲的差異，就在於我們和現實世界是有連結的。也就是說，它是和現實世界的時間線連動的平行數位世界，而且在那裡我們能與其他用戶互動。就像電影《駭客任務》的尼歐為了守護現實世界而選擇了紅色藥丸一樣，即使身在元宇宙的世界，最重要的還是身處現實世界的我們。

　　亞馬遜 Prime 原創影集《上傳天地》描述未來人類科技快速發展，垂死之人可以把此生的記憶、經驗和回憶全部數位化，上傳到網路世界，人們靠著意識不老、不死繼續活在網路世界中，並能透過螢幕和現實世界的人交流，描繪的是虛擬變成現實的新穎故事。過去，微軟首席科學家戈登・貝爾（Gordon Bell）曾透過「我的生命位元計畫」（My Life Bits）主張只要完整記錄下我們的記憶，無論何時都能取出「完全記憶」（Total Recall）。這與《上傳天地》的內容一脈相通。

　　伊隆・馬斯克創立的神經科技公司 Neuralink 曾演示過在豬腦內植入晶片，這項技術若能應用到人類大腦的話，也許能克服阿茲海默症或帕金森氏症等人類現在還無法解決的疾病。如果在這個基礎上增加一點科幻想像力的話，我們也可以反過來朝人類的大腦傳送電波信號，讓人產生有如親眼所見、親耳所聽的逼真體驗，說不定到了那時候，我們不用戴上 VR 耳罩式耳機就能活在現實與虛擬界限模糊的虛擬世界。

　　雖然科幻電影的元宇宙，或是我們想像中的元宇宙彷彿是遙

不可及的故事，但在快速進化的網路世界中，現實世界的元宇宙擴張速度之快，難以單一定義。元宇宙的中心是我們，會被寫入歷史的數位虛擬世界事件和人類的挑戰現在才剛開始。

在元宇宙裡有可能誕生新的 Google 或新人類；虛擬經濟的規模有可能直逼實體經濟、虛擬世界人口數有可能變成地球人口數的數十倍；我們每天在虛擬世界度過的時間說不定會越來越久，也可能出現和現實世界比重逆轉的瞬間，會有越來越多人在虛擬世界中度過週末。別把這當成單純的想像，我們正在經歷急速的變化。

有一件事是可以肯定的，那就是這一切取決於我們的意志力和努力。科技帶來的變化和影響永遠是把雙面刃，人類應該使用它去實現公平正義。

走向元宇宙的旅程也面臨著相同的挑戰，變化有多大，疑慮就有多大，幾何級數般的變化將創造比任何時候更大的機會與空間，我想如果詹姆士・哈勒現在重新審視元宇宙的話，他也許會這麼說：

「現實盡為真。」（Every Reality is Real.）

參考資料

【內文】

第 4 章

① http://worrydream.com/refs/Sutherland%20-%20The%20Ultimate%20Display.pdf

② https://blog.siggraph.org/2018/08/vr-at-50-celebrating-ivan-sutherland.html/

③ https://www.elianealhadeff.com/2006/11/ibmplay-serious-games-for-virtual.html

④ https://www.youtube.com/watch?v=QhWcI1gswqs&ab_channel=HighFidelity

第 5 章

① https://techland.time.com/2012/11/01/best-inventions-of-the-year-2012/slide/google-glass/

② https://www.internetlivestats.com/

③ https://uploadvr.com/oculus-quest-store-stats-2020/

④ https://www.pocketgamer.biz/news/75688/superdata-oculus-quest-2-shifted-1-million-units-in-q4/

⑤ https://kommandotech.com/statistics/how-many-iphones-have-been-soldworldwide/

⑥ https://www.roadtovr.com/60-apps-oculus-quest-2-million-revenue/

⑦ https://www.oculus.com/blog/announcing-the-acquisition-of-surreal-vision/?fbcl

⑧ https://venturebeat.com/2016/12/28/facebook-acquires-eye-tracking-company-the-eye-tribe/

⑨ https://www.kickstarter.com/projects/551975293/meta-the-most-advanced-augmented-reality-interface

⑩ https://www.macworld.co.uk/news/how-many-apple-watches-sold-3801687/

⑪ https://www.fool.com/investing/2019/12/07/facebook-is-on-a-billion-dollar-vr-ar-buying-spree.aspx

⑫ https://www.roadtovr.com/facebook-acquires-varifocal-lemnis-technologies/

⑬ https://www.mobileworldlive.com/devices/news-devices/facebook-buys-maps-company-in-ar-vr-play

⑭ https://martech.org/facebook-buys-ar-startup-building-a-11-digital-map-of-the-physical-world/

第 6 章

① https://program-ace.com/blog/unity-vs-unreal/

② https://www.valuecoders.com/blog/technology-and-apps/unreal-engine-vs-unity-3d-games-development/

第 7 章

① https://blog.aboutamazon.co.uk/shopping-and-entertainment/introducingamazon-salon

② https://www.bbc.co.uk/connectedstudio/

③ https://www.oculus.com/experiences/quest/2046607608728563/?locale

④ https://store.steampowered.com/app/1012510/Greenland_Melting/

⑤ https://time.com/longform/apollo-11-moon-landing-immersive-experience/

⑥ https://time.com/longform/inside-amazon-rain-forest-vr-app/

⑦ https://www.nytimes.com/interactive/2018/05/01/science/mars-nasa-insight-ar-3d-ul.html

⑧ https://www.prnewswire.com/news-releases/pwcs-entertainment-media-outlook-forecasts-us-industry-spending-to-reach-759-billion-by-2021-300469724.html

⑨ https://www.scarecrowvrc.com/?fbclid=IwAR3xZVweyh6xPe2UyIFrcRiFOmlRxwS3UxJPm6ye-EtzZdpqcug_CVv8Os

⑩ https://bmcpsychiatry.biomedcentral.com/articles/10.1186/s12888-019-2180-x

⑪ http://www.whosaeng.com/97426

⑫ https://psious.com/acrophobia-vr-therapy/

⑬ https://gotz.web.unc.edu/research-project/virtual-vietnam-virtual-reality-exposure-therapy-for-ptsd/

⑭ https://link.springer.com/chapter/10.1007/978-1-4899-7522-5_16

⑮ https://www.lumevr.com/

⑯ https://www.nature.com/articles/s41592-020-0962-1

⑰ https://www.sciencedirect.com/science/article/pii/S1093326318303929

⑱ https://www.sciencedirect.com/science/article/pii/S1871402120301302

⑲ https://blog.capterra.com/the-top-free-surgery-simulators-for-medical-professionals/

⑳ https://www.news1.kr/articles/?3490328

第 8 章

① https://terms.naver.com/entry.naver?docId=864529&cid=42346&categoryId=42346

② https://hypebeast.com/2018/11/carlings-digital-clothing-collection-details

③ https://www.digitaltrends.com/computing/dragon-cryptokitties-most-expensive-virtual-cat/

【圖片】

第 3 章

[1] https://blog.laval-virtual.com/en/laval-virtual-days-the-birth-of-virtual-worlds/

[2] https://www.shutterstock.com/hu/video/clip-1037713625-industrial-factory-chiefengineer-wearing-ar-headse

[3] http://blog.virtualability.org/2017/11/how-to-attendidrac-conference-in.html

[4] https://www.gearthblog.com/blog/archives/2017/04/first-review-new-google-earth.html

[5] https://en.wikipedia.org/wiki/Reality–virtuality_continuum

第 4 章

[1] https://augmentedrealitymarketing.pressbooks.com/chapter/definition-and-history-of-augmented-and-virtual-reality/

[2] https://nwn.blogs.com/nwn/2007/12/second-life-for.html（左）

https://www.sisajournal.com/news/articleView.html?idxno=121450
（左）

[3] https://www.sedaily.com/NewsVIew/1Z7PMZPKK4

[4] https://www.businessinsider.com/pokemon-go-nick-johnson-trip-
2016-9#that-meant-johnson-spent-a-full-day-layover-in-the-dubai-
airport-while-they-waited-forthe-storm-to-clear-johnson-took-the-
opportunity-to-keep-catching-pokmon-buthe-was-getting-stressed-out-
the-delay-meant-hed-only-have-12-hours-in-hongkong-total-10

[5] https://minecraft.fandom.com/wiki/World_border

第5章

[1] https://minecraft.fandom.com/wiki/World_border

[2] https://www.cbinsights.com/research/top-acquirers-ar-vr-ma-timeline/

[3] https://www.forbes.com/sites/erikkain/2020/04/29/party-royale-
is-coming-to-fortnite---when-to-play-free-rewards-new-map-and-
more/?sh=594c53bd73a6

[4] https://www.xrmust.com/xrmagazine/sxsw-online-xr-agenda/（下圖）

第6章

[1] https://www.electrooptics.com/analysis-opinion/meeting-opticaldesign-
challenges-mixed-reality

[2] https://www.facebook.com/Oculusvr/videos/433308464321696

第 7 章

[1] https://area.autodesk.com/blogs/journey-to-vr/where-story-living-happens-home--a-vr-spacewalk-based-on-a-conversation-with-sol-rogers-founderceo-of-rewind/

[2] https://vrscout.com/news/cbs-sports-super-bowl-liii-ar/

[3] https://www.blackmagicdesign.com/kr/media/release/20200731-01

[4] https://www.hankyung.com/society/article/202103012614h

[5] https://www.marketresearchfuture.com/reports/virtual-classroom-market-4065

第 8 章

[1] https://www.bbc.com/news/av/technology-56264555

[2] https://www.dailymail.co.uk/sciencetech/article-1330552/Jon-Jacobs-sells-virtual-nightclub-Club-Neverdie-online-Entropia-game-400k.html

[3] https://github.com/decentraland-scenes/Genesis-Plaza

[4] https://coinmarketcap.com/headlines/news/who-isbeeple-most-expensive-digita-art-non-fungible-token-nft/

[5] https://nftplazas.com/new-decentraland-genesis-plaza-design/

高寶書版集團
gobooks.com.tw

RI 351
元宇宙：科技巨頭爭相投入、無限商機崛起，你準備好了嗎？
메타버스가 만드는 가상경제 시대가 온다

作　　者　崔亨旭（최형욱）
譯　　者　金學民、黃菀婷
責任編輯　林子鈺
封面設計　萬勝安
內文編排　賴姵均
企　　劃　鍾惠鈞

發 行 人　朱凱蕾
出　　版　英屬維京群島商高寶國際有限公司台灣分公司
　　　　　Global Group Holdings, Ltd.
地　　址　台北市內湖區洲子街 88 號 3 樓
網　　址　gobooks.com.tw
電　　話　（02）27992788
電　　郵　readers@gobooks.com.tw（讀者服務部）
傳　　真　出版部（02）27990909　行銷部（02）27993088
郵政劃撥　19394552
戶　　名　英屬維京群島商高寶國際有限公司台灣分公司
發　　行　英屬維京群島商高寶國際有限公司台灣分公司
初版日期　2022 年 1 月

國家圖書館出版品預行編目（CIP）資料

元宇宙：科技巨頭爭相投入、無限商機崛起，你準備好了
嗎？／崔亨旭著；金學民、黃菀婷譯 . -- 初版 . -- 臺北市：
英屬維京群島商高寶國際有限公司臺灣分公司，2022.01
　　面；　　公分 .--（致富館；RI 351）

譯自：메타버스가 만드는 가상경제 시대가 온다

ISBN 978-986-506-322-1（平裝）

1. 虛擬實境　2. 電子商務

312.8　　　　　　　　　　　　　1100212535